四句话变幸福！

实现奇迹人生的
荷欧波诺波诺

[美] 伊贺列阿卡拉·修·蓝 ◎著
（Ihaleakala Hew Len, Ph.D.）

（采访）[日] 丸山茜◎著　邱心柔◎译

华夏出版社
HUAXIA PUBLISHING HOUSE

Taidan KR & Yoshimoto Banana HO'OPONOPONO TALK
Originally published in Japan by Kodansha Ltd., Japan in 2015 as a part of the book titled
"HO'OPONOPONO JOURNEY HONTOO NO JIBUN WO IKIRU TABI"
Copyright © 2015 by KR & Banana Yoshimoto
All Rights Reserved
Simplified Chinese translation rights arranged with Banana Yoshimoto through ZIPANGO, S.L.
四句话变幸福！实现奇蹟人生的荷歐波诺波诺！修藍博士亲授，零极限最佳入门书 /
伊賀列阿卡拉·修·藍博士 (Ihaleakala Hew Len),
丸山茜著，邱心柔譯
譯自：
たった４つの言葉で幸せになれる！心が楽になるホ・オポノポノの教え

由SITH荷欧波诺波诺亚洲办事处监修

北京市版权局著作权合同登记号：图字 01-2023-4589 号

图书在版编目（CIP）数据

四句话变幸福! 实现奇迹人生的荷欧波诺波诺 /
(美) 伊贺列阿卡拉·修·蓝 (Ihaleakala Hew Len),
(日) 丸山茜著 ; 邱心柔译. -- 北京 : 华夏出版社有限
公司, 2025（2025重印）. -- ISBN 978-7-5222-0806-0
Ⅰ. B82-49
中国国家版本馆CIP数据核字第2024H1R221号

四句话变幸福！ 实现奇迹人生的荷欧波诺波诺

作　　者　［美］伊贺列阿卡拉·修·蓝　［日］丸山茜
译　　者　邱心柔
责任编辑　王秋实

出版发行　华夏出版社有限公司
经　　销　新华书店
印　　刷　三河市万龙印装有限公司
装　　订　三河市万龙印装有限公司
版　　次　2025 年 6 月北京第 1 版　2025 年 8 月北京第 2 次印刷
开　　本　880 × 1230　1/32 开
印　　张　7.25
插　　页　2
字　　数　75 千字
定　　价　68.00 元

华夏出版社有限公司
网址：www.hxph.com.cn 地址：北京市东直门外香河园北里 4 号　邮编：100028
若发现本版图书有印装质量问题，请与我社营销中心联系调换。电话：(010) 64663331（转）

I love you
Please forgive me.
Thank you.
I'm sorry

Ihaleakala Hew Len, Ph. D.

推荐序与分享 1

因事情不顺利而感到烦躁，

因他人的话语而受到伤害，

因与重要的人分离而感到悲伤。

在 SITH 荷欧波诺波诺中，当你可以了解烦躁、痛苦和悲伤，其实原本一直都存在于自己的内心深处，并非是被某个人强行加之于我时，此刻的你就不会再对眼前的世界感到恐惧。

在我遇到荷欧波诺波诺之前，我总觉得一旦失败或犯错，就会被别人责备，或者会发生让我失去自信的事情，因此我觉得人生总是让我时刻感到恐惧。我活在一个习惯于与他人比较、认为努力拼搏是理所当然、令人如此疲惫的生活中。

通过阅读这本书，修·蓝博士的教诲让我认识到，那些恐惧和疲惫原本就存在于我的内在，而且是从很久很久以前，就存在于我的内在。这时候，我第一次真正明白了引发一切问题的根本原因是记忆。

我们的意识状态，可以改变人生的色彩。当我了解这个真理后，即使在最绝望的情况下，这本书对于我而言，都好似可以抓住的冲浪板，帮助我在汹涌的波涛中找到支撑。

同时，这本书将引领我们踏上那道名为"灵感"的波涛，随风而行，激发无尽的创造与可能。

平良爱绫

个人简介

［日］平良爱绫

1983 年出生于东京都，毕业于明治学院大学文学部。

2013 年开始接触荷欧波诺波诺这套神奇的夏威夷心理疗法，并在生活中实践。是书籍《内在小孩：在荷欧波诺波诺中遇见真正的自己》《内在小孩快乐，你才快乐》《荷欧波诺波诺的奇迹之旅：造访夏威夷的零极限实践者》《阿啰哈！ Aloha：我在修·蓝博士身边学到的清理话语》等相关清理书籍的作者。

推荐序与分享 2

遇见内在的光，拥抱奇迹人生！

十六年前，荷欧波诺波诺就像一道光一样出现在我的生命中，照亮了我灰暗的心灵世界！

那时的我，是一个内心敏感又脆弱、自卑又对生活充满抱怨的人。

我对职场的美好憧憬，随着现实一次次的打击，我陷入对自我的怀疑、批判和对未来深深的恐惧和迷茫之中……我不知道自己到底该何去何从，好像感受不到一点活着的意义，甚至我都想过一了百了算了。

然而就在这最低谷、最黑暗的失业期，我遇见了一本书，叫作《零极限》。我被书中两位作者修·蓝博士和乔·维泰利的故事深深吸引。修·蓝博士在精神病科工作时，竟然在没有见任何病人的情况下，疗愈了整个精神科病房里的精神病罪犯；而乔·维泰利，也从一个无家可归的人，变成了一位畅销书作者和千万富翁。他们的故事，虽然看起来都很难以置信，但不知道为什么，我的内心却深深地被吸引着……

我一遍遍地读着这本书，修·蓝博士在书中说：

"对你生命中的每件事负起100%的负责——每件事。"

"问题是记忆的重演。"

"不断重复说'对不起、请原谅我、谢谢你和我爱你'就能释放记忆，让问题得以完美解决。"

这些话不断在我脑海中回荡。真的就这么简单吗？我的心中也是充满怀疑的。

但我还是决定试一试。我开始在心中不断默念这四句话，非常神奇的是，在我不断念这四句话一段时间后，突然有一天，我接到了一个电话，是一个公司老板打的客户回访电话。因为我刚参加完他们公司的一个课程。在电话中，我们交流得很愉快，我也觉得那个课程让我很有收获。没想到，对方忽然问我，愿不愿去她公司工作。就这样第二天我就去她公司面试了，然后第三天就正式上班了。在从事这份工作前，在我的认知里，工作就是为了生存，为了获得别人的认可。我从来没有想过，工作是可以给我们带来价值感和幸福感的。

我也完全没有想到，试着将信将疑实验般地说这四句话，却让自己获得了一个改变人生的工作机会，在这份工作中，我才第一次体验到工作的真正意义和成就感。正是这份工作的经验，促使我后来有勇气走上创业之路。

所以，从那时至今，荷欧波诺波诺就成为我生命中的一部分，我每天都在践行。

通过这十六年的清理实践，我已完全脱胎换骨，我原本看不到光的灰暗心灵世界，被荷欧波诺波诺的光一直照亮着！我找回了自己内心的力量！我也过上了自己梦想中的生活，有热爱的事业、幸福的家庭，还有自由的时间和自由的财富。

我们每个人都有机会改写自己的人生。而改写的方式其实也很简单，那就是践行荷欧波诺波诺。荷欧波诺波诺，这个看似神秘的名字，背后蕴含着极其简单而又深刻的哲理。我们在生活中常常会感到莫名的困扰、焦虑和压力，却未曾意识到，这些可能源于我们潜意识深处积累的负面记忆和情绪。

荷欧波诺波诺的传承者修·蓝博士，以其一生的实践与奉献，将这古老而神秘的疗愈方法带到全世界的视野中，为我们提供了一把清理这些内在"垃圾"的扫帚。它非常简单，只需要我们静下心来，真诚地面对自己的内心，用这四句清理话语"对不起、请原谅、谢谢你、我爱你"，就能轻轻扫去我们心灵角落的尘埃。

如今，虽然修·蓝博士已离开我们，但他留下的荷欧波诺波诺宝贵作品，却如同一座永不熄灭的灯塔，持续为无数在黑暗中摸索的心灵导航。

值此修·蓝博士的这本遗作《四句话变幸福！实现奇迹人生的荷欧波诺波诺》中文简体版上市之际，让我们再次深深地缅怀和感恩他为我们留下的这份珍贵的礼物。让我们心怀对修·蓝博士的敬意与感激，翻阅这本书，踏上这场充满奇迹的心灵疗愈之旅，去发现那个隐藏在内心深处、更加美好的自己，创造属于我们的奇迹人生！

谢谢你，我爱你！

祝福大家拥有超越一切理解的平静！

冯晓琳

个人简介

冯晓琳

醒觉心灵创始人

荷欧波诺波诺中国大陆负责人

践行荷欧波诺波诺十数年

自 2009 年遇见荷欧波诺波诺之后，一直持续践行至今。

在不断清理的过程中，找回了内心的力量与自信。

一路也不断收获了许多人生奇迹。

比如：喜欢的工作，美好的事业机会，

甚至另一半都是自动出现的。

现在通过创办的醒觉心灵平台，致力于传播荷欧波诺波诺，希望越来越多的人能一起加入零极限的美好生活方式中来，一起通过清理活出幸福美好的人生！

序

在本书中，我将与各位分享至今我见证过的美妙奇迹，以及荷欧波诺波诺回归自性法的无限可能。

荷欧波诺波诺是从数百年前开始，流传于夏威夷的解决问题的方法。每当人们有了争执，夏威夷自古以来的做法都是由调解者带领进行团体讨论，以此让人们的心灵平静，从根本上解决问题。而其关键在于，必须与生命源泉"神性智慧"（神圣的存在）合而为一，从而获得灵感，找回内心的平静。

不过，我要介绍的荷欧波诺波诺回归自性法（SITH），则是由身为夏威夷州宝的传统治疗师、已故的莫儿娜·纳拉玛库·西蒙那女士从传统的荷欧波诺波诺发展而来。一直以来，夏威夷人都是通过群体对谈的方式来寻找解决问题的方法，但莫儿娜认为不应该仰赖他人，而是要借由自省引出自身力量，通过尤尼希皮里（潜意识）连接奥玛库阿（超意识）来解决问题。

自从我在 1980 年代初期认识莫儿娜后，便持续运用荷欧波诺波诺进行清理。

荷欧波诺波诺最棒的是方法极其简单，随时随地都可以一个人实践。荷欧波诺波诺认为，人们会遇到不顺心的事，问题出在潜意识里的记忆，借由消除记忆，便能接收到来自神性智慧的灵感；只要依循灵感生活，事物就会以完美的状态呈现。

我们可以运用"谢谢你""对不起""请原谅我""我爱你"四句话来清理，本书将反复针对这一点进行解说。

　　清理的过程中最重要的是，要持续和自己的尤尼希皮里交流。

　　荷欧波诺波诺回归自性法看似简单，实则奥妙精深，只要我们活在这个世界上，它任何时候都能派上用场。如果能将其运用在日常生活中，你的人生观肯定会产生一百八十度的变化。

　　衷心祈愿阅读本书的你，能够体验到归零的状态！话不多说，现在就马上开始吧！

POI（我的平静）

伊贺列阿卡拉·修·蓝

2009 年 8 月

目录

第一章
关于清理

第三章
关于活着

第四章
关于爱护自己、照顾自己
———

第五章
答案全在你的心里

第六章
来自神圣存在的指引

第七章
关于归零

阅读本书前，

先了解荷欧波诺波诺的

基本用语

◎荷欧波诺波诺回归自性法

（Self I-dentity Through Ho'oponopono，简称 SITH）

已故的莫儿娜·纳拉玛库·西蒙那女士，将从数百年前起便流传于夏威夷的解决问题的方法"荷欧波诺波诺"，发展成无须通过他人，仅凭自身力量解决问题的形态。本书统称为"荷欧波诺波诺"。

◎神圣的存在（Divinity）

意指上天、宇宙、大自然、生命源头，又称为"神性智慧"。本书统称为"神圣的存在"。

◎超意识（Superconscious Mind）

总是与神圣的存在融为一体，和人类的潜意识与神圣存在相连，形同沟通彼此的桥梁。夏威夷语称为"奥玛库阿"，对潜意识来说就像是父亲般的存在。

◎意识（Conscious Mind）

我们日常生活所认知到的意识。夏威夷语称为"尤哈尼"，对潜意识来说像是母亲般的存在。意识每秒能掌握到的记忆，相当于十五比特的量。

◎潜意识（Subconscious Mind）

不光是自身经历过的记忆，甚至累积了世界诞生至今的所有记忆。潜意识每秒重播一千一百万比特的记忆，投射到现在这一刻。潜意识又称为内在小孩，本书则统一使用夏威夷语中意指潜意识的"尤尼希皮里"一词来称呼。

◎清理

意指消除人类的疾病与烦恼，以及潜意识中的所有记忆。

◎零的状态

开悟的境界。放下欲望与执着，顺着神圣的存在而活，处于准备万全的状态。相当于"空"的状态。

◎灵感

在清理潜意识中的记忆后，回归到零的状态时，神圣的存在赐予的智慧与信息。

第一章

关于清理

只要清理，便能自然而然开创人生新境地

只需专注于清理就好

荷欧波诺波诺回归自性法认为，人们会遇到不顺心的事，原因出在潜意识中的记忆。痛苦的记忆化为心理阴影，美好的记忆则化为执着，妨碍我们做出正确判断。这个时候，我们应该做的是归零。归零的状态相当于"空"的状态，这样想或许更容易理解。

只要归零，就能消除你在不知不觉间累积的执着、成见、先入为主的想法、偏见等记忆，唯有如此才能发挥你原本拥有的能力——而清理能帮助你做到。

3

有些人会想改变自己的命运。但依我所见，这个世界上不存在命运，只存在记忆。因此，"我会生病都是命""我会和这个人结婚，都是因为命运"这样的说法并不正确。正确的说法是，其实你是因为祖先自古以来代代传承了"疾病的记忆"，所以才会生病；因为始终抱有"依赖结婚对象的记忆"，所以才会认识你的配偶。也就是说，人生中发生的任何事情，全都来自潜意识中重播的记忆。但是，无论面对怎样的事情，你都要将其想成是潜意识赋予的清理机会，而不要解读为负面的含意。

清理的四句话是"谢谢你""对不起""请原谅我""我爱你"。"我爱你"这句话涵盖了其他三句话，所以你也可以只说"我爱你"。无论如何，只要持续清理，总有一天你能感受到归零的状态。

比如说，当你们夫妻之间起争执时，通过持续清理，就能消除你的记忆，使你变得有办法去爱自己，进而有办法去爱丈夫。其实你的内心深处是担心丈夫的，但一面对丈夫却忍不住意气用事。如果你有这样的情况，请一定要专注于清理。

让自己归零，能帮助你安然面对生活。你只需要专注在清理上即可，不必去想"希望对方改变"或"希望事情能发展成这样"。也不需要钻牛角尖苦苦思索："为什么事情会变成这个样子？""清理到底有什么意义？"只要反复说"谢谢你""对不起""请原谅我""我爱你"就够了。

通过清理，减少身心的负债

不清理，就像是处于严重的便秘状态

夏威夷语有句话叫"KUKAI PA'A"，是指各式各样的东西堵在心里的状态，说得简单点，就是心灵上的便秘。

任何人一旦长期便秘，全身上下都会不舒服。人类本来就必须把摄取的东西排放出来，否则循环就会阻塞，无法处于顺畅且健康的状态。

"KUKAI PA'A"也很像借贷。人在负债的状态下，会陷入动弹不得的窘境，进退维谷。心也一样，倘若只是一味接收他人的情绪与各种事物而不加以消化，心就会沉重起来，问题会变得很难解决。

容易想太多的人，记忆也比较容易像堆积在肚子里的气体，带给自己负面的影响。所以应该对此有所察觉，更加勤于清理。

若想消除便秘，出门健走、做适度运动都是很有效的方法。当你负债的时候，如果把自己关在家里，闷闷不乐，对偿还欠款也没有帮助。这时应该想办法解决问题，正向思考，实际展开行动。

清理有助于偿还身心的负债，感觉上和偿还欠款颇为相似。首先要消除负面思考，心无杂念地持续清理，这么一来，灵感终将降临。如果你感觉经年累月的负面记忆一一消失，并将一切事情都看成自己的责任来解决，剩下的则交给神圣的存在来判断，感觉自己宛如躺卧在无重力状态下，那么就代表你处于没有任何执着与期待的状态，无论发生什么都不会使你偏离轴心，一切事情对你而言都往正确的方向发展，令你感到十分安心，这就是归零的状态。

不过，记忆总会在下一刻马上累积，如果疏于消除记忆，你立刻就会脱离归零的状态。另外，现实生活中容易便秘的人，往往会把事情想得很复杂，被记忆牵着鼻子走。身体与心灵是联动的。因此，除了要注意规律饮食，也要持续清理记忆。

健康的心才能带来健康的身体，没有健康的身体就无法做出正确的判断。希望你能记住这点。

消除关于这个世上的所有人、家具、衣服、食物等，你内在的一切记忆

究竟是吃着对身体不好的食物，还是吃着你认定对身体不好的食物？

常有人问我："有没有什么食物会妨碍心灵的净化？"答案是"没有"。

正如大家想的那样，身为美国人的我，热爱垃圾食物的代表——汉堡。"咦，吃那种对身体不好的食物，对身心都会造成负面影响吧！"我仿佛可以听见这样的声音，却一点也不担心。

另外，我还嗜抽雪茄，但至今未曾因此罹患疾病。

一般来说，愿意尝试荷欧波诺波诺的人，大多非常注重健康，也就是具有所谓的"身体意识"。这样的人往往偏好糙米与全麦面包，而不会选择白米与白面包。有的人甚至会少吃肉类，多吃鱼类与蔬菜，不食用任何加工食品，想必是认为未经精制的食物拥有较高的营养价值，加工食品吃不到制作者的用心，或认为加工食品很危险而有所忌惮。

然而，不好的并非食物本身。假如食用这些食物损害了你的健康，那要归咎于你对食物的记忆。你长年深信某种食物不干净、不健康，这个想法影响了你的饮食，才导致这样的结果。

"感谢有食物可以吃，谢谢你。对不起，擅自认定你是对身体不好的食物。我爱你。"像这样去清理，就能开开心心地吃汉堡了。

如果你清楚地知道"我真的不喜欢汉堡！"，那么，我当然不会建议你这样清理。但如果你的心声是"其实我偶尔也想吃吃看"，那就不妨试试。

无论眼前的食物是否让你感到抗拒，每次用餐前都先对食物说声"谢谢你"，再接着享用。光是这么做，你就会感觉原本爱吃的食物变得更加美味。另外，也别忘了对制作餐点的人致上感谢的话语。如此一来，入口的食物便会充满喜悦地转化为你的血和肉，协助你维持健康的身体。

清理会带给所有存在的人与物莫大的影响

借由清理，才能发挥你原本的能力

我们唯一该做的，就是清理因记忆而变得动弹不得的状况。不必去思考任何复杂的事物，甚至应该说，切勿思考任何事物，因为在不断思索的过程中，又会浮现出新的记忆。

尽管如此，深思熟虑的你或许还是有疑问：具体来说，清理究竟是怎么回事？清理到底会带来什么改变？

我在此回答这类疑问。如果你念着"谢谢你""对不起""请原谅我""我爱你"，这四句话的声音能传达给尤尼希皮里，就能消除妨碍神圣的存在赐予你灵感的那些记忆。

这个世界上，有些人认定金钱和性爱是不好的，于是这些人既存不了钱，也无法向喜欢的人吐露心意。深植这些人心里的罪恶感，究竟是何时来的，又来自何人？也许是受到父母的影响，抑或是儿时经历所造成的心理阴影。无论如何，这样的人生都是不幸的。在负面记忆的影响下变得动弹不得，气也呈现混浊的状态。

气就像是人释放出的能量，虽然肉眼看不见，却会给周遭带来极大的影响。有时你会有种"真不想接近这个人"的感觉，其实这不只是直觉而已，而是你感受到了对方的气。在工作上取得成功的人，往往会对金钱上有负面记忆的人敬而远之，于是后者就与金钱离得更远。而对性抱有负面记忆的人，则隐约散发一种阴暗扭曲的气场，所以也无法觅得良伴。如此一来，永远无法摆脱不幸的循环。

如果你想变得幸福，请你先对尤尼希皮里说说话，以消除偏见的成因——内在的记忆。例如对尤尼希皮里说："你会鄙视金钱和性方面的事物，是我的责任。对不起，请原谅我。我爱你。"你不必特意思考"我的责任"背后的意思，这并非一项罪过。不过，发生在自己身上的一切事情，自己要负上百分百的责任。既无须后悔，也无须反省。

不用多想，只要反复清理即可。这么一来，你的气就会重拾光芒，维持良好的平衡，你也能发挥出你原本的能力。

别停滞不前，动手清理吧

生命意识借由你的清理，传承到下个世代

记忆每分每秒都会不停重播，因此只要活在这个世上，就必须持续清理。记忆就是如此紧密纠缠着我们。假如日常生活中没有致力于消除记忆，凡事都会被过去的记忆牵着鼻子走。

如果清理已经成为你日常生活的一部分，倒没有什么问题，但有些人觉得清理很麻烦，有些人则认为记忆就是记忆，放着不管又何妨。

不过，清理记忆并非只是个人层面的问题。一旦活在此刻的我们放弃清理，记忆的影响力甚至会波及未来的子孙。我们之所以能在地球上活动，是

因为从遥远的古代起，我们的祖先便一代一代地在不断清理。

有时候，你出生前的记忆会牵动你悲伤的情绪，而这正是潜意识赋予你清理的机会。当你觉知到这一点并进行清理，便能消除记忆，找回内心的平静。你对自己进行清理，全世界都会和平，且影响范围不只是现在，甚至连未来也会充满归零的能量。清理记忆的工作必须代代传承下去，每个人都凭借自己的力量消除自己的记忆，这就是人类的使命。

每天持续清理

时时刻刻消除累积的记忆

其实，困扰我们的记忆还可分为形形色色的种类。从小被拿来和兄弟姊妹比较的自卑感，坚信"自己也会和父母一样，无法拥有幸福的人生"的错误认知，或是不知不觉在工作或学业上过度努力，导致身体出现警报等种种压力，全都属于记忆。长年累积下来的记忆，造成人际关系出现各种各样的问题，最糟糕的情况则会形成犯罪的导火线。

记忆一旦放着不管就会逐渐累积，因此我们必须时时刻刻消除记忆。可以说，"人生就是每天不断清理"。

　　这样听起来，仿佛是花上一辈子的时间，每天除了打扫什么都不做。其实，人生正是如此。很多时候，当你遇见令你感动莫名的事物、深感幸福时，下一秒紧接而来的就是悲剧。当这世上发生出人意料的事情让你错愕不已，这个时候，若因此胆怯或逃避现实并非良策。我们必须明白，只要活在这个世上，就必须接受发生的每件事，而且克服这些问题本身也是有意义的。

　　当我们让心灵澄澈透明，聆听到神圣的存在赐予的灵感后，便付诸实行。这样一来，任何烦恼与迷惘都能一扫而空。

荷欧波诺波诺的清理工具 1　蓝色太阳水

蓝色太阳水

蓝色太阳水又名"奇迹之水""生命之水"，可以拿来饮用、做菜、加入泡澡的水里、洗头发或洗脸、洗衣服等，能协助清理讨厌的记忆。

此外，如果在工作桌上放个杯子，装入四分之三杯的蓝色太阳水，它就会自动为你清理，提升你的专注力，让工作顺利进行，也能有效清理电脑的电磁辐射对身体造成不良影响的记忆。

蓝色太阳水的制作方式

①准备蓝色玻璃瓶。有些葡萄酒等饮品也使用蓝色玻璃瓶，可以将饮用后的空瓶加以利用。如果没有

蓝色瓶子，可以用蓝色玻璃纸将透明玻璃瓶包起来代替。

②将自来水或矿泉水加进蓝色玻璃瓶里。

③将装满水的玻璃瓶盖上盖子。不要使用金属盖子，请使用塑胶、玻璃或软木塞等材质的盖子。如果瓶子原本搭配金属盖子，或是没有盖子，可以盖上保鲜膜再用橡皮筋绑住。

④将瓶子放在照得到阳光的地方三十分钟至一小时。阴天或雨天时，放在白炽灯（钨丝灯）下也能得到同样的效果。

◎蓝色太阳水制作完成后，即使倒入其他容器，清理效果也不受影响。

◎若要饮用蓝色太阳水，可以在普通的水或饮品里滴入几滴。一天喝两公升水是最理想的，无论冷热都不影响效果。但因为蓝色太阳水是生水，建议尽早饮用完毕。

◎出门在外没有蓝色太阳水时，可以想象自己正在饮用蓝色太阳水，也能达到清理效果。

◎难以控制内心时，可加入一两滴新鲜柠檬汁饮用。

荷欧波诺波诺经验分享 1

（编者注：本书所有的"荷欧波诺波诺经验分享"文章，都是践行者个人自己的体验、感受。特此说明。）

"在荷欧波诺波诺的帮助下，父亲与事业伙伴治好了酒精成瘾问题！"

自营业者　匿名

※ 根据修·蓝博士本人的意思，直接刊登分享者的原文。

mixi（编者注：日本的社交网站）上一个朋友的新文章总是让我很期待。有一天，这个朋友引用了一篇荷欧波诺波诺的文章。

我在学草裙舞，每堂课结束后，老师会让学员彼此分享对该堂课的感想，并把这段分享时间称为"荷欧波诺波诺"。因此当我看到这篇文章时，立即感到很兴奋:"我知道荷欧波诺波诺!"但继续看下去,才发现内容颠覆了一般认知,跟我一直以来以为的荷欧波诺波诺完全不同。

虽然内容完全无法用逻辑来解释,不知道为什么却非常有说服力。我马上进行内观:"至今为止,我有什么一直反复出现的现象?"这时我发现我唯一的问题和酒精有关。

我从小厌恶父亲依赖酒精的坏毛病,怀着逃避的心情结婚,结果就连结婚对象也有酒精成瘾的问题。

就在我逃离婚姻回到娘家后,认识的事业伙伴也因为酒精出现诸多问题。

这时我才发觉,其实就连我也因为应酬而经常勉强自己喝酒——当我意识到这一点,我马上决定再也不喝酒了。

接着，我立即乖乖反复念着"四句话"。

大约过了两三天，我发现父亲每晚都喝茶，我问他是不是身体不舒服，不料他竟答道："年纪大了，尽量别喝酒。"

过去几十年来，父亲每晚都要喝上几杯，我是第一次看到他喝茶，这太令我惊讶了。现在他也还是一直都喝茶。

至于我的事业伙伴，虽然还做不到彻底戒酒的程度，但饮酒量已经减少到身边的人都惊讶的地步。今年他还顺利结婚，明年1月小孩就要出生了。

我的前夫如今已经到了天上，我打从心底深信，实践荷欧波诺波诺可以让他获得清理并回到天堂一样美好的地方。

从此，面对眼前发生的各种现象，我只是淡然地反复实践荷欧波诺波诺。

如今，我的内心平稳而沉静，除了看电视新闻时，已经没有机会使用荷欧波诺波诺了（笑）。

我之所以能够如此，都多亏介绍荷欧波诺波诺给我的朋友，以及将荷欧波诺波诺作为毕生志业、走遍全球加以推广的修·蓝博士，衷心感谢他们。

今后我会继续将上天赐予的美妙礼物"谢谢你""对不起""请原谅我""我爱你"这四句话推广至身边的亲朋好友，并充分运用在日常生活中。

第二章

关于放下痛苦

一切痛苦与悲伤，都来自潜意识里重播的记忆

一旦带有记忆，就会想太多

人类的行为由"记忆"与"灵感"所决定。

只要活在时间的流动中，便不可避免伴随着记忆，不论是好是坏，拥有记忆使得人类容易不自觉地想太多。

记忆为人类带来无比巨大的害处。有的人会因为想起讨厌的事情而心里乱糟糟的，无法专注在工作或其他事情上；有的人会一直想着"要是事情发展到那一步该怎么办？"，成天坐立难安、手足无措，最终因为压力过大形成身心上的疾病。记忆存

在人类的潜意识中，一有机会就会浮现到意识层面，使人回想起过去发生的事情。

而灵感又是如何呢？灵感即灵性的感知，和记忆相比较不为人所熟悉。不过，其实灵感也和记忆一样属于所有人。灵感从神圣的存在依序传递到我们的超意识与意识（请参考 32 页的图示），神圣的存在是一个记忆归零的空间。也就是说，如果我们能到达归零的空间，就能达到超脱俗世的精神状态。也许你会觉得听起来太玄了，但其实人类都是上天的孩子，尽管存在个体差异，或因为每个人所处状况而有所不同，但每个人可谓都具备灵感。

将人类的存在状态看成 32 页图中的三角形，应该就很容易理解。潜意识位于最底层，记忆在此沉眠；上一层则是意识，平时我们吃饭、说话、工作都是基于这层意识。意识再上一层是超意识，意指超脱意识的一层意识，当我们与神圣的存在更加靠近时，便会接收到这一层意识。超意识的上方，也就是最高的地方，则是神圣的存在所处的归零空间。

我们的记忆阻碍了神圣的存在带来讯息，因此必须通过清理来消除记忆。顺着神圣的存在赐予的灵感而行，人生就会形成自然的流动，让我们能够发挥原本的力量。

人类因为记忆累积而忍不住过度思考，招致痛苦与灾祸降临。荷欧波诺波诺便是帮助人类回到归零的状态，接收神圣的存在赐予的灵感，不可或缺的方法。

灵感会从神圣的存在依序传递给超意识、意识与潜意识。

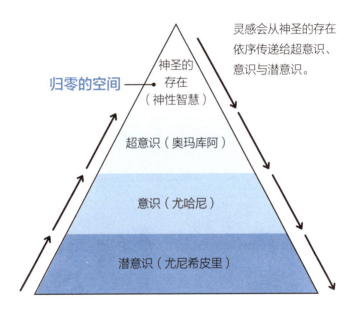

从深陷的过去记忆中解脱

就连取名的方式，也受到记忆的影响

这里来聊聊新生命诞生之时所取的"名字"。

名字本应是婴儿出生时，双亲或祖父母怀着对婴儿的期待所取的，但是一不小心取名者的记忆就有重播之虞。

过去有位深受抑郁情绪之苦的人来找我，我没有进行咨询，只是询问对方的个人基本信息，接着清理。当我向对方确认全名时，对方不知为何就开始转述起亲人为自己取名时的情形，我由此得知，当年这个人的父母与祖父母等众多亲人都抢着为其取名。这个人的名字不单纯、拥有多重的含意。

一旦背负来自许多价值观不同的人的期待，随着个体日渐成长，有些人便会感受到自己的名字和自己之间不协调的异样感。无论做什么事，总是伴随窒碍难行的感觉，不知到底该如何是好。这份压力总有一天会成为导火线，引发各种各样的疾病。以这个人的情况而言，当事者的潜意识重播着许多人的记忆，导致此人的内心彷徨困惑。

名字正是如此容易受命名者的记忆影响。不只是小孩的名字，像是宠物的名字、建筑物的名称、公司的名字、书名、歌名等，一切创造物都反映了创造者的念想。倘若抱着随便的想法、不管对方意愿强迫对方接受或是怀着无所谓的心情为之取名，记忆便会重播，不会得到好结果。因此，当你要为任何对象取名时，记得先通过清理让自己归零。荷欧波诺波诺认为万物皆有意识，不管是替宠物、小孩，还是公司取名时，都要询问对方想取什么样的名字。

看到这里，或许你会对你取过的名字感到一种沉重的责任感，担心自己取的名字让其受苦，怀疑工作不顺利会不会是因为自己取的公司名字不好——不过，你之所以会产生这份担忧，也是受到传承而来的记忆影响。请你现在马上开始清理。察觉到消除所有记忆并归零有多重要，正是让事情朝好的方向迈进的第一步。

消除记忆、放下记忆

为什么对金钱没有执着的人更加富足？

清理能帮助我们放下记忆。关于清理的重要性，这里再以金钱的流动为例。

清理不只可以修补人际关系，也能调整你周遭的金钱流动。

负债与破产，代表心中累积了对金钱的记忆。负债与破产都是来自"没有钱会很麻烦"的过去记忆，导致对金钱有所执着的结果。越是拼尽全力追求金钱上的富足，金钱就离得越远。

因为过度追求金钱，会使你潜意识中的记忆重播，让尤尼希皮里感到痛苦。记忆只要没有消除，就会从中作梗，让你聆听不到神圣的存在传来的灵感，无法做出正确的判断，轻易听信一些轻松赚钱的小道消息而蒙受损失，或是遇到诈骗。其实灵感总是不断地向我们传来。

与金钱有关的记忆种类繁多，例如买卖股票赚钱的正面经验、拿到特别多奖金时的兴奋之情，或是家里遭小偷、借钱给别人之后要不回来的痛苦经验。不过，不管是好的记忆还是坏的记忆，都必须消除。

因为每当你面对金钱问题时，记忆都会重播，致使你无法以平常心看待。虽说记忆的种类繁多，但与金钱相关的记忆具有特别强大的威力，有时甚至足以毁灭人格，请务必充分清理。

金钱流动顺畅的人，不会被金钱的记忆耍得团团转，也就不会被金钱耍得团团转。只要清理期待的记忆，清理金钱的记忆，自然就能达到这样的状态。

"消除并放下记忆"也许会让你联想到再也得不到任何金钱，其实并非如此。金钱反映了你的内在。

人们可以从你的用钱方式和金钱观，看清你这个人。如果你对人用钱大方，人们也会对你有好感，在你遇到问题时愿意出手相助。每个人应该都想和一个在金钱方面守信用的人携手工作，不是吗？

当你通过清理消除自身记忆时，消除的并非金钱，而是会借由消除记忆，确保有足够的空间来接收神圣的存在所赐予的灵感。

日本有句俗谚"金钱辗转于天下间（世间贫富

无常）"，这句话精确点出了金钱的本质。这个世界上，存在着我们看不见的金钱流动，在不受我们控制的状态下运行。消除记忆、顺从自然的流动，就会更懂得包容金钱。

活着的目的，就是消除我们各自的烦恼

烦恼没有意义

解决烦恼最好的方式，是清理

荷欧波诺波诺认为，活着的终极目的，只在清理

举个例子，让我们试想，若一位母亲有个重度不健康的孩子，她会是什么样的心理？

诞生在这个世上的小孩，并非全是健全、健康的。生下不健康小孩的父母往往会自责。这自然是深爱小孩的表现，但如果始终无法抱着积极的心态向前迈进，就是因为父母有着一厢情愿地认定"不健康就是不幸"的记忆。

这份记忆先入为主地认定"有先天缺陷实在很不幸"。父母在意他人眼光而觉得不好意思，或是感觉给人添麻烦而有罪恶感，内心深处隐藏着"我的小孩有缺陷，好可怜"的想法。这样的记忆必须尽早消除才行。

询问自己，是内在的什么记忆，让你觉得这个小孩是"不健康的儿童"？对于此时浮现的所有记忆，请一一清理。拥有单纯心灵的小孩将健康成长，还是带着自卑的心态长大，全都取决于你的清理，取决于你清理了多少记忆。

不只如此，在我的诊疗处，通过持续清理，原本诊断出患有疾病的小孩得以康复，这样的案例是有的。之所以擅自认定疾病是治不好的，也是出于记忆。说到这里，各位是否能理解清理记忆有多重要了呢？

　　只要我们以消除所有烦恼为目标，持续清理，不只能消除母亲对小孩所抱有的执念，势必还能消除许许多多的人因自身记忆，给他人带来的负面影响。

　　只是一直烦恼，就能解决问题吗？与其摆出闷闷不乐的表情、哭哭啼啼、让周围的人陷入窘境，不如忘却烦恼吧。烦恼没有意义，取而代之的是清理。

　　只要着手清理，必然能摆脱烦恼。

荷欧波诺波诺的清理工具 2 "HA"呼吸

"HA"呼吸

"夏威夷（Hawaii）"与"阿啰哈（Aloha）"当中的"HA"，在夏威夷语里的意思是"神圣的灵感"。"HA"有活化生命能量的作用。

换句话说，光是说出"夏威夷"或"阿啰哈"，就会化为一种唤醒生命能量的工具，传达到潜意识，帮助我们清理。

在向尤尼希皮里说"谢谢你""对不起""请原谅我""我爱你"之前，记得先使用"HA"呼吸，调整心灵的环境以接近归零的状态。

"HA" 呼吸步骤

①坐在椅子上，脊背挺直。

②双脚踩在地上。

③双手放在大腿上，双手各用大拇指、食指与中指围成一个圈，并让双手的圈套在一起（其他手指放松即可）。

④想象神圣的气息，在心里慢慢从一数到七，用鼻子吸气。

⑤闭气七秒。

⑥慢慢用鼻子吐气七秒，想象自己吐出不好的记忆。

⑦之后再闭气七秒。

◎④～⑦为一个循环，重复七次。

过程中要消除一切杂念，专注在呼吸上。

◎在没有背景音乐的安静空间进行。

◎注意不要弯腰驼背。

◎通勤中或工作场合等有别人在的地方，无法进行"HA"呼吸。这时，只要在心里想象自己正在进行"HA"呼吸，也能达到清理效果。

荷欧波诺波诺经验分享 2

"遇见荷欧波诺波诺，改变了我的人生观！"

福岛洋子

※ 根据修·蓝博士本人的意思，直接刊登分享者的原文。

由衷感谢有这个机会，让我分享对修·蓝博士满怀感激的亲身经验。谢谢你。

我会遇见荷欧波诺波诺，是因为我的小儿子患有恐慌症，固定去一间针灸诊所治疗，治疗师和我聊到他参加了修·蓝博士在冲绳开设的基础课程，他的亲身经历深深打动了我。

过了一段时间，由乔·维泰利所著、日本第一本介绍荷欧波诺波诺的书籍出版，我立刻买回家阅读了无数次。至今为止，我阅读了大量身心灵方面的书籍，但这本书给我的印象特别深刻，和其他的书截然不同。我感到非常兴奋："这就是我长久以来一直在寻找的东西！"我明白自己的内心十分喜悦。

无论如何都想见见修·蓝博士，想要进一步深入学习——从体内深处涌现的这样的渴望，促使我报名了10月的基础课程。当时完全没想到要治疗疾病或解决烦恼，只是一心一意想见见修·蓝博士。

不过，其实我家里存在许多问题。我丈夫经营一家公司，因为银行信用紧缩，每天四处奔走调度资金。大儿子大学毕业后留学一年，之后将近六年的时间都没有工作，也就是俗称的啃老族。二儿子离婚后，有了心理创伤。小儿子患有恐慌症，没办法一个人出门。

　　我自己则患有子宫内膜异位症。大约从四年前开始，生理痛突然变得像产前阵痛一样剧烈，出血量也特别大，演变为慢性贫血。医院检查出子宫内膜变形且形成肿瘤，虽然不是恶性肿瘤，但在子宫里形成一道障壁，医生诊断这是子宫内膜异位症，会引起剧烈的生理痛和大量出血。

　　医生建议我开刀，看到我犹豫不决的样子，便给我介绍另一间大医院，让我去征求第二家的意见，于是我又检查了一次。医生还是建议我动手术，但我还是选择再看看情况。之后固定每四个月检查一次，但每个月生理期时我都得面对难以忍受的剧痛，于是我开始觉得，也许开刀是个好选择。

　　后来，我如愿见到期待已久的修·蓝博士，参加了10月的基础课程。也许是修·蓝博士与工作人员进行清理的缘故，我感到会场充满爱，洋溢着令人怀念而温暖的感觉。

在讲座上，修·蓝博士说："只要清理就好。面对问题，无须探究原因、思考道理或进行分析。这一切只不过是重播的记忆，只要消除记忆就够了。"这席话让我感觉放下肩膀上的重担，心情整个轻松起来，泪水止不住地流下来。

在身心灵领域学习了一段时期的我早已明白，一切都是自己造成的。

我的家人之所以处于这样的状态，是不是我哪里做错了？过去我不断进行自我分析、责怪自己，让自己充满罪恶感和懊悔。就算知道应该爱护自己、疗愈自己，仍然无法消除负面的思考。

回家后，我开始运用课堂上教的清理工具来

清理。

得知柿子叶是清理生殖器记忆的工具，我便将柿子叶放在子宫的位置，反复在心里说："谢谢你、对不起、请原谅我、我爱你。"此外，我也会说"冰蓝"，接着触碰植物，使用蓝色太阳水，和尤尼希皮里说说话……我拼尽全力努力清理，清理已经变成我无意识的习惯，经常是回过神儿来，才发现自己好像做了些什么。

结果，我不知不觉地认识了许多实践荷欧波诺波诺的人。有位治疗师多次报名修·蓝博士的课程，这个人告诉我"荷欧波诺波诺是种终极疗法"，也教了我一些疗法。我还遇到许多看了荷欧波诺波诺的书籍后产生共鸣的朋友，我想大家共同清理确实产生了加成的效果。

就在 10 月的基础课程结束后，到 11 月大阪的商业课程开始前的这段时间，好几年找不到工作的大儿子顺利找到工作，患有恐慌症的小儿子情况也有所好转，可以一个人搭公交车了。不可思议的是，在 10 月底的定期检查中，我的子宫内膜里并没有肿瘤，毫无异物。

11 月的生理期，奇迹似的没有丝毫疼痛，经血量也很正常。是因为消除了累积在子宫的记忆而归零，单纯回到子宫原本的状态了吗？究竟发生了什么，我并不清楚，似乎安在我身上的"子宫内膜异位症"这个病名消失了。而我做的只是不去多想，持续运用课程所教的清理工具而已。

修·蓝博士说："荷欧波诺波诺非常简单，但要长期持续却很困难。"

此刻我内在的记忆仍不断重播，每分每秒都需要清理。可是，我不再像从前那样，因为眼前的事物而手足无措，内心始终保持稳定的状态。因为我要做的只有清理，剩下的就是交给神圣的存在。

能遇见修·蓝博士和荷欧波诺波诺，真的好幸福，我心中满怀谢意。

实在是万分感谢，在此致上我满满的爱。

第三章

关于活着

活着，就是消除所有记忆的过程

我们有办法清理潜意识中的正面与负面记忆！

每个人都拥有潜意识，你是否想过潜意识是怎么回事呢？潜意识不同于我们所能感知到的意识，它是位于内心深处，平时"不会浮现到表层的意识"。

潜意识保存着过去你经历过的种种记忆，其中有开心的回忆、感动的事情，也有遭遇挫折、不快乐的记忆，以及和重要的人离别、巨大的挫败与强烈的憎恶等各种负面记忆。

此外，这些存在潜意识中的过去记忆，不光是你经历过的事情，还涉及自宇宙诞生起的所有记忆。世界上之所以仍有暴力，是因为人类过去的记忆在我们每个人的内在重播。

同样地，你在日常生活中面对的一切艰辛与痛苦，也是由你本身的潜意识创造出来的。你让潜意识中的记忆重播，于是引发了被视为问题的现象。

也许你会想：既然出生时内在就已经存在讨厌的记忆，那不是无能为力了吗？不用担心，因为这些痛苦与悲伤，全都可以借着清理而消除。

就连眼前这一刻，潜意识也正重播着延续自过去的庞大记忆，因此我们只要在此时此刻马上开始清理就好。持续清理不断重播的记忆，如此而已。

清理的方法非常简单，只要用"谢谢你""对不起""请原谅我""我爱你"四句话，就能消除过去的记忆，回到干净的状态，也就是归零。

　　请你现在马上开始清理。在持续清理的过程中，想必你会发现悲伤逐渐消失。关键在于持续不断地清理。

为自己人生发生的事情，负 100% 的责任

每件事都是你创造出来的

请为你看到的一切负责。荷欧波诺波诺认为，不光是自己的事情，包括他人内在发生的问题，原因都出于你自己的内在。

举个例子，如果你察觉自己总是在抱怨，请你理解为"是因为我内在的记忆，所以形成了这样爱抱怨的个性"。

假如你是业务员，遭到客户蛮不讲理的对待，请不要埋怨对方，而是去想"对方会这么对我，原因出自我的内在"。

倘若你是老师，别敌视班上的问题儿童，要询

问自己："是我的什么记忆，导致这个小孩出现问题行为？"假如你是护理师，负责照顾为病痛所苦的病患，请询问自己："我的内在是否存在某些记忆，折磨着这位病患？"

也就是说，你要知道一切和自己有关的事物都不是偶然的，要对所有事物负责。对自己和他人都负上 100% 的责任，是指将一切都视为自己的问题，予以接受。比如说，你的另一半任职的公司可能会破产，这件事让你心神不宁，既然如此，这件事对你来说就绝非事不关己。即便是你认为"那是别人的人生，和我无关"的事情，其实也源自你内在的记忆。另一半体验到的事，同时也是你体验到的事。这个时候，请你不要害怕，接纳一切事物。

如果只是闷闷不乐、钻牛角尖，深陷负面情绪的泥淖，什么都不会改变。有时间烦恼，不如二话不说着手清理。因为一旦开始清理，就可以接着踏出下一步。

清理是为了自己。与其替他人祈福，不如将他人身上降临的灾难当成自己的事情予以接受，为了拯救自己、净化自己，而进行清理。无论何时，请你用这样的方式看待事物——一切都是从自己的内在形成的。

人生中的任何事物，都起因于你重播的记忆

我在夏威夷州立医院精神科病房的经历

过去我曾以心理学家的身份，受雇治疗夏威夷州立医院精神科病房里犯下强暴、吸毒、杀人等重大罪行的罪犯。这栋病房与一般病房隔离开来，总是弥漫一股肃杀之气。事实上，患者对工作人员施暴仿佛家常便饭，导致工作人员的离职率极高，而患者也都戴上了手铐与脚镣。

我接受这份工作委托，是为了测试荷欧波诺波诺的效果。照理来说，心理学家一般是采取某些疗法或进行咨询，但我完全没有这么做，因此一开始大家都无法理解。但几个月后，效果逐渐显现。

患者与工作人员的表情变得越来越有生气，大楼内恢复令人舒适的氛围，患者不再需要手铐与脚镣，暴力行为也平息下来。患者重新开始进行劳动改造活动，以利于日后回归社会。

大家都不可思议地惊叹道："修·蓝博士到底做了什么？"之所以有这样的反应，是因为没有人知道荷欧波诺波诺。

我只是单纯地清理，并没有做什么特别的事，只是在心里念着"谢谢你""对不起""请原谅我""我爱你"。

一开始大家都无法理解，为什么会带来这样的变化。"到底在向谁道歉？""究竟在对谁说我爱你？"各式各样的疑问迎面而来，我一再回答："是对自己的记忆。"

记忆是一切现象的根源。过去抱有的偏见、执拗、绝望感……这一切都会形成负面的记忆，在潜意识中模式化并不断重播。因此，事物才会朝不好的方向发展。

而创造记忆的人正是我、是你，是我们每个人的潜意识。

我没有为了改变患者而刻意展示力量。因为不是别的，正是我们的记忆造就了眼前的局面。因此我每天反复对记忆说"我真的很爱你"，持续传递爱的讯息。

清理的过程中，我内在的记忆和患者的记忆开始彼此共享。这时我的体内感受到疼痛，我将之视为转化的开端，更加专注于清理。

旁人看了都说："他都不为患者咨询，到底在做什么？"但是，我相信持续清理便能解决问题。

　　而结果确实就如我相信的那样。记忆停止重播的同时，问题也得以解决，整栋病房都呈现前所未有的协调状态。

　　于是，我确定了持续清理有多么重要。

取得平衡，调整内在的轴心

有时记忆会影响周遭事物，导致失去平衡

取得平衡，是指让事物恢复原本该有的样貌或状态。一旦失去平衡，你可能会感觉身体哪里怪怪的，或总觉得心情无法平静。这个时候，请一一清理身边的一切物品。

经历悲伤事件的人穿戴的衣服或首饰、因债务所苦的人在痛心疾首下割舍的昂贵物品、依依不舍却不得不别离的人所拥有的充满回忆的物品等，全都缠绕着他人的强烈记忆。你的命运不光受到你的记忆影响，其他人的记忆也会强烈影响你的命运。

曾有人去世的地方，人们往往会从直觉上想避

开，但其实这时只要切实清理就够了。

当爱带来信任，整个环境都会取得平衡。身处这样的环境，便会被舒服自在的感觉环绕，没有机会感受到一丝不协调，以及如鲠在喉般的烦闷与不快。

从整体来看，"调整平衡"既是调整自己内在的轴心，也是调和周遭的环境与自己之间的平衡。

只要持续清理，自己与外界就能戏剧化地处于良好的平衡状态。因为，人只有在协调的环境中才能发挥原有的力量。

顺带一提，"平衡"在夏威夷语中叫作"波诺（pono）"。夏威夷人自古以来便认为，正是人生中有好有坏，人生才得以调和。

自然界里有数不清的事物都以相互平衡的状态

存在，例如男性与女性、天空与海洋。当这些事物
不再处于波诺的状态，我们就需要通过时常清理，
使之回复到原本的状态。

当你迷惘的时候，该做的事情其实十分有限

你早已收下了一份礼物——专属于你的角色

人生中，存在不属于任何人，唯独专属于你的角色。

你从事的职业、邂逅的人、你和家人承受的疾病、你遇到的事件、感受到的事物……这一切都必须是你才行。

身患重病的人都会想："为什么被选中的人是我？"是不是因为自己过去做过什么不好的事？不过，就算一直纠结于此也得不到答案。这个人脑海里浮现的"过去"，也是"记忆"。每个人都带着记忆。

　　而我们终将共享彼此内在的记忆。虽然这个世界上有如此多的人、事、物，但本源都在于你的心、其他人的心，我们都是形成这个整体的一分子。

　　"为什么只有自己遇到这样的事？这个世界真是太不公平了！"请别这么想。你遇到的人、事、物，全都是为了提醒你去面对记忆。

　　记忆一直等着你去爱它。世界是一个彼此连接的整体。因此，只要每个人都将各自的试炼作为契机，察觉到清理的重要，加以实践，世界就会有所好转。请别忘记，你也是这个世界的一分子。

　　发生在你周遭的一切都是重播的记忆，必须察觉到这一点才行，但也不需要因此产生罪恶感。罪恶感会导致钻牛角尖，形成一连串新的记忆。

　　我一直强调，面对这种情况时，只要像删除

电脑内存般，机械式地对尤尼希皮里说"谢谢你""对不起""请原谅我""我爱你"就好了。

很多人一开始都会迟疑，没办法不带感情地说出"我爱你"。其实，当你不停地说着清理的话语，就会逐渐变成习惯，像呼吸一样自然，会经常在心里重复这句简单的话。如果不在思考之前先行清理，就无法改变现实。

当生活中出现任何变化，请什么都不要想，只是单纯清理。你是为了清理记忆而存在的，这就是神圣的存在赐予你的礼物。

即使有办法选择，也无法掌控

让自己顺着流动走，才是正确的做法

我们每个人原本都是零，是完美的存在。零是让你得以活出自我的泉源，然而记忆会不时重播，失去控制。当人产生自己能掌控一切的错觉时，可以说是处于自我中心的状态。

荷欧波诺波诺认为，"就算我们有办法做出选择，也无法掌控"。

你有想实现的梦想吧？若想实现这个梦想，就不该执着于达成目标一事上，而是专注于眼前遇到的事物，一心一意地清理。清理"什么时候才能实现梦想？要怎么做才能实现梦想？"这类不自觉想

东想西的记忆。

至于是否能实现，全都托付给来自神性智慧（神圣的存在）的讯息（灵感）。只要专注消除潜意识中的记忆就够了，而不是一味等待讯息。

同时，你也是无法掌控现实的。举例来说，很多人对现在的工作不满意，不是抱怨个不停，就是换工作，或是期盼能争取到更好的待遇。但其实选择现在的工作环境的人，正是自己。如果没有察觉到这点，逃避现实，认为事情不顺利不是自己的问题，便意味着停滞不前。

你没办法抗拒现实，让事事称心如意。不过，我们有办法清理记忆，让现实逐渐产生变化。

命运是记忆，却也能通过清理而归零，获得灵

72

感。依循灵感来生活，就是荷欧波诺波诺。

　　宇宙存在两种推动我们的能量：重播的记忆与灵感。只有这两种而已。

荷欧波诺波诺的清理工具 3　冰蓝

冰蓝

"谢谢你""对不起""请原谅我""我爱你"这四句话可以清理自己潜意识中的记忆，而触碰植物时说"冰蓝"，则能帮助清理疼痛的记忆。

"冰蓝"除了能清理疾病与受伤等肉体疼痛的记忆，还能清理灵性、物理、经济、物质层面引发的内心疼痛，以及受到惨痛虐待的记忆。

"冰蓝"是指冰河的颜色，想象这个颜色并触碰植物，对着自己的问题在心里念出这句话。

念着"冰蓝"并触摸银杏叶，可以对肝脏问题的记忆发挥作用，消除毒素的记忆。

枫叶有助于改善心脏与呼吸系统，柿子叶可以清理生殖功能与生理痛等妇科问题的记忆。

香水百合能清理对死亡怀有恐惧的记忆，酒瓶椰子能清理经济与金钱问题的记忆。

另外，将植物制成压花，夹在随身携带的钱包或记事本里，也能达到清理的效果。

荷欧波诺波诺经验分享 3

"遇见这个世界上'最重要的人'（自己）"

家庭主妇　石川功惠

※ 根据修·蓝博士本人的意思，直接刊登分享者的原文。

　　我失去小孩后陷入茫然若失的状态，在丈夫的强烈建议下，我见到了修·蓝博士。

　　在讲座的休息时间，我和他说了儿子因意外去世的事情。博士遥望远方片刻后，给了我一个紧紧的拥抱，并说："你的小孩已经上了天堂，看起来很幸福，你放心吧。"接着又说："为了让自己从痛苦的状态恢复正常，你要好好振作，过好自己的生活。"同时给了我具体的建议。

　　其实当初参加讲座时，我完全不知道修·蓝博士是何许人，有过怎样的事迹。对我来说，修·蓝博士就是个"始终看着别的地方，视线不会和我交会"的初次会面的美国人。这时的我每天沉浸在痛苦与悲伤中，没想过向外界求助，每天都过得沉重且苦痛，思考与感觉全都麻木了。

　　听到修·蓝博士的话语，不知为何我的身体有所反应，泪水止不住地流了下来，但头脑还是不断想着："儿子已经死了，不在这里了，这件事我再清楚不过了。事到如今，我才不想听你说这些话。啊！又来了，又是那些听到腻的安慰话语。"

　　回到座位后，方才听到的话语还留在体内，我还是提不起一丝力气，但身体却对修·蓝博士的那番话有所反应。这时候，我的身上出现了"宛如魔法般"的变化。我不去抗拒修·蓝博士的话语，只是任由身体顺其自然，不到三十分钟，心中的"悲伤"便彻底消失了。

在此之前的人生中，我一直相信任何事情绝对都有办法解决。在别人眼中再艰难的事，我睡一觉起来后就能成功解决。不过，无论我如何苦苦挣扎，"和死去的孩子见上一面""想要再次紧紧拥抱他，和他一起生活"，这些愿望都无法实现了。没有任何方法可以解决问题，不管做什么，他都不会复活。盼望他能像之前那样"存在"于我的眼前，已经是"无论做什么都无法实现"的愿望，这让我对自身力量产生一股"无力感"，我生平第一次体会到这种感觉。

最难受的人，是生下儿子的我，是被留下来独自一人、这个做母亲的我。仅此而已。无处可逃，进退维谷。

有种说法是，幼子离世是给父母的讯息。还常听到一种说法是：小孩已经完成了自己的使命。所以，如果小孩去了天堂后，父母迟迟无法察觉这份讯息，孩子就会前来告知父母。参加修·蓝博士的讲座后，我开始感觉到儿子成熟的模样。

有一天，我在睡前试了修·蓝博士教的"和尤尼希皮里说话"，向一直身怀自己负面部分的尤尼希皮里打招呼，不断对它诉说着。结果，尤尼希皮里突然仿佛从床上往上弹似的，跑到卧室天花板的高度，再抱着我的宝宝从空中降落。

儿子踢着我的胸口，我感受到他手脚挥动的模样和温热的触感，他叫着"妈妈！"并扑向我的怀中。虽然他的体形一点也没变，但我隐约感到他"成熟"了一点。

他对着我拼命张口说话，我真的好开心！他确实在另一个世界健康快乐地活着。尤尼希皮里用最简单易懂的方式，让我理解"人类不存在死亡"这句话确实是真的。

这个体验让我从原本每天只想着"我不惜一切代价，都要追随死去的儿子"，重新回到日常生活当中。我由衷地对尤尼希皮里说了"谢谢你"。

我终于遇见了最重要的人——自己。我终于将原本往外的自身能量重新往内聚拢，总算明白了，给自己满满的爱是多么重要的事。

我开始感觉到，修·蓝博士说的不停消除过去，就是为了创造足够的时间来正视尤尼希皮里。

这个原理和操作电脑一样，当我们要开启并使用想要的程序时，必须先关闭其他程序。如果使用了庞大的记忆体（内存），就很难开启程序，或是开启速度很慢，甚至死机。所以当程序使用完毕后，就要将其一一关闭。至于我们自己呢？当然也应该每天"消除"一切才是。

　　虽然我的儿子走了，但并没有死去，所以我能感觉到他现在的状态。因此原本内在对儿子的过去的记忆（用来让自己逃避的），便就此消失。我已经不需要这份记忆，所以得到了充分享受当下这一刻的力量。我可以感觉到，我和我内在的尤尼希皮里一起踏出了崭新的步伐。

　　于是，我总算能发挥自己原本的能力。唯有消除内在的过去记忆，让自己从内在散发光芒，才能真正发挥原本的能力。

如今又怀上小孩的我，对这一点有深刻的体认。今后的生活中，我要好好珍惜"自己"。

我察觉到，真正重要的人是自己。照顾重要的人，就是照顾整个宇宙。真正重要的人是我——并非身为资讯集合体的我，而是那个位于内在的寂静的我。和一切合而为一的我，现在也依然是一体的我。

我们不该忘记，谁才是最重要的。

第四章

关于爱护自己、
照顾自己

第一步先照顾好自己，接着是家人，把其他人排在这之后

懂得爱自己的人，也懂得爱所有人

消除记忆是为了自己，接着是为了家人，最后才考虑其他人。

这样说，或许你会觉得把自己的幸福摆在第一位，是自私的表现。

不过，当一个人赶不走在自己头上飞舞的苍蝇，他会有余力去顾及其他人吗？首先要爱自己。你要优先消除自己的记忆。你一旦消除了内在的记忆，也会自然而然消除周围人的记忆。

你和你周遭发生的事情，全部源自你重播的记

忆。无论是家人的疾病还是丈夫的工作等个人性质的事情，都不该认为和自己没有关系。

想要让别人转为正面的心态，这样的想法也是来自你的记忆。我们不可能改变他人的心态。尝试通过努力来让不顺利的事情好转，也是没有意义的。应该做的是清理自己潜意识中的记忆。仅此而已。

我要再次强调：清理的顺序，第一是自己，再来是家人，接着是其他人。只有懂得爱自己的人，才懂得爱别人。

用慈爱之心对待你自己，比任何事都重要

别把潜意识视为工具，而是视为人生最大的伙伴

你是否有时感觉自己的心灵与身体非常疲惫？这时也许你会抱着悲观的心态，认为"我已经上了年纪""我没有体力了"，但请你在放弃前先清理。不要将你的潜意识看成问题，而要看成人生最大的伙伴。这也是荷欧波诺波诺的智慧。请经常对你的身体说："谢谢你陪着我。""谢谢你为我呼吸。"并怀着慈爱之心对待自己的潜意识，询问它："肚子饿不饿？""会不会口渴？"我们必须倾听内心与身体的声音。心灵与身体紧密连接，疾病不过是记

忆罢了，当心里不舒畅，就会以疾病之姿显现在身体上。心灵和身体都具有意志。所以，要经常对自己的心灵和身体说"我爱你""一直以来都很谢谢你"，好好爱护它们。

爱护自己内在的尤尼希皮里（潜意识）

在你内在，十分重要的存在

无论有没有小孩，每个人心中都住着一个小朋友，那就是内在小孩，夏威夷语称为尤尼希皮里。尤尼希皮里总是看着你，同时还不断想办法传递给你正确生活所需的讯息。简直就像一个想替母亲做点事、帮母亲忙的孩童。

如果你幸福，尤尼希皮里也会开心；假如你的内心乱成一团，尤尼希皮里就会疲惫不堪。不只如此，它甚至会觉得自己的存在被忽略、不被爱，于是就认为没有必要担任中间人的角色、接收从神圣的存在传来的灵感，而将自己的内心封闭起来。

尤尼希皮里希望你能快点清理，让自己轻松起来，所以就接二连三地播放记忆，而记忆会以问题的形式显现。因此，每当你遇到问题或负面的事物，请对尤尼希皮里说："谢谢你让我看到这样的记忆。"

你得拼尽全力爱你内在的尤尼希皮里，尤尼希皮里的存在意义就是被爱。始终不要忘记这一点，不时对它说："伤害了你真是对不起，我爱你。我们一起清理吧。"用这样的方式清理，消除潜意识中的记忆吧。简单来说，将爱传递给尤尼希皮里，来自神圣的存在的灵感便会降临在你身上。灵感就像是不停流动的循环能量，只要你持续爱着尤尼希皮里，这份流动就绝不会中断。

我们打从出生起，便拥抱着尤尼希皮里。因

此，我们绝非孤零零的一个人。只要敞开心和尤尼希皮里商量，它就会扮演引导我们走向正确方向的角色。

相信尤尼希皮里存在、怜爱尤尼希皮里，就等于相信自己、爱自己。

清理记忆等于传递爱给自己。清理之后，就能感受到你内在的爱

清理的时候，潜意识会出现怎样的改变？

前面已经讲过，你潜意识中的尤尼希皮里一直守在你身边。而这里要从不同的角度，说明对尤尼希皮里倾注爱的重要性。

清理记忆、获得灵感的过程，由"忏悔""原谅""转化"三要素构成。首先要察觉引发问题是自己的责任，同时请求神圣的存在原谅。这么一来，神圣的存在就会转化潜意识，消除阻碍灵感的记忆。于是我们就能收到灵感，而这里的关键在于要明白，我们无法直接与神圣的存在接触。

95 页的图说明了人类的结构（自性本我），这里再对应到夏威夷语的父亲、母亲与小孩。

　　最下层是潜意识尤尼希皮里，接纳这个小孩的人是上面一层的母亲尤哈尼，也就是意识。再上一层是名叫奥玛库阿的超意识，说起来就像父亲般的存在，是负责与上面一层的神圣的存在连接的、特别的意识。

　　那么，使用荷欧波诺波诺的清理方法时，这幅图会发生怎样的现象？通过清理消除、净化潜意识中的记忆，这么一来，对你而言对的事情、好的事情，就容易依序从潜意识、意识与超意识，传达到神圣的存在。事物就会开始像毫无堵塞的水管一样顺畅运作。

就在你的请求传达给超意识，神圣的存在收到的同时，一股称为"Mana"的灵性能量，会从神圣的存在直接传递给超意识，再通过意识传递给潜意识，消除你的记忆。

这么一来，你就准备好接收神圣的存在传递的灵感了。接下来要做的，只有侧耳倾听神圣的存在传来的讯息，在这份讯息的引导下，你会在自然的流动中充分发挥原本的能力，回到零的状态。

1. 只要清理潜意识当中的记忆，
对你而言对的事情、好的事情，
就会依序从潜意识、意识与超
意识，传达到神圣的存在。

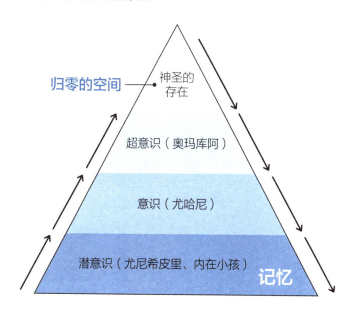

归零的空间 —— • 神圣的
存在

超意识（奥玛库阿）

意识（尤哈尼）

潜意识（尤尼希皮里、内在小孩） **记忆**

2. 之后，Mana（灵性能量）
就会从神圣的存在，依序传递
给超意识、意识、潜意识，替
我们消除记忆。

每分每秒，回归到爱（等于零）

爱能跨越时空，连接万物

爱是活在世上最重要的东西。这里我们以母亲与小孩为例，理解爱的崇高。

即将成为母亲的女性，在对即将诞生的生命满怀期待的同时，也抱有一丝不安。

而当小孩出生后，脑海里又会闪过各种念头：小孩的状况确实符合预期，或是和预料中不同，等等。这就是母亲。

从受精的那一刻便诞生的奥妙生命，会在母亲的子宫内度过十个月左右的时间。在这期间母亲一直在外界等待着，一边想象自己小孩的模样，一边做着工作和家事。但是，其实从这个时间点开始，亲子间就已经产生连接。母亲怀孕过程中感受到的一切都会传递给胎儿，与生下来的小孩共享这份记忆。因此，孕期经常烦躁易怒或唉声叹气的母亲生下的小孩，往往出生不久就会出现情绪不稳定的状况。这都是一连串的记忆。

动手清理吧。做母亲的首先应该为了解放自己的内心而消除记忆，而不是为了小孩。这样一来，小孩的心也会自然而然地稳定下来。也就是说，重复念着四句话来清理，才是对小孩的爱。只要清理记忆，就能消除对小孩的期待与焦虑，无论生出怎样的小孩，都能感谢地说"很开心见到你"。

你的存在就是爱本身，发生在你身上的所有事情，都是为了帮助你清理潜意识中的记忆

如何通过异性，学会爱自己？

你就是爱本身。这句话到底是什么意思？这里以经由恋爱或结婚而建构深厚关系的伴侣为例。

因缘际会认识的伴侣，是为了让你学会爱自己而出现的、难能可贵的存在。潜意识为了让你明白对自己负责的重要，让你们两人在此相遇。

邂逅伴侣会带来无比巨大的喜悦，但是无论怎样的人际关系，总会出现摩擦。记忆带来的争执、因为习惯而导致一成不变、男方要求女方做家事、女方过度依赖男方而无法独立……不少伴侣都是因为这类问题而关系失衡，最后以关系破裂收场。就这种情况而言，依赖的一方会觉得这么做心理上很轻松，被依赖的一方则沉溺于"自己受人依赖"的状态。

这种情况最大的问题是，一旦出现问题就会把过错全部推给对方，自己完全不想负责。这样的两个人不会去想"自己为什么无法独立"或"对方为什么一直依赖自己"？只要把过错归咎于别人，就绝对无法获得救赎。

真正相爱的伴侣应该会想"这个人总是让我依赖，一定是因为我不可靠，不得已才这样做"或"这个人总是只会依赖我，原因是我自己造成的"。这时请询问自己：是内在的什么记忆，让自己担忧"搞不好会失去对方？"接着加以清理。

假设你的伴侣出轨了，就算你觉得自己是对的、错的是对方，也要询问潜意识"是我内在的什么记忆让伴侣出轨？"并加以清理。

如果没有察觉到清理的重要性，将问题全部归咎于对方，就这样分开，日后即使和别人交往，也还是会一再重复同样的事情。因为问题不在对方，而是在自己身上，所以会有这种状况也是必然的。

摆脱人生困境，方法只有一个：通过清理，一一消除自己的记忆。只要你改变了，选择伴侣的方法也会改变。想找到适合自己的对象，就得先爱自己。

荷欧波诺波诺的清理工具 4　删除键"X"

删除键"X"

"X"拥有消除上瘾、虐待、关系破裂的记忆的力量，因此能调整受到这些事情捆绑的思考，回溯到造成心理阴影的时间轴，将其重新调整到正确的位置。这意味着摆脱无法控制的负面情绪，引导我们回到原本自由的心，因此有助于保持冷静、专注于清理。

每当发生什么问题时，在心里想象"X"，也可以对着潜意识里的记忆说"X"。

对着有工作来往人士的名片、朋友寄来的圣诞卡片或贺年卡等，用手指画"X"，或许能促进彼此的关系，也可以清理导致你担心对方健康的记忆。

荷欧波诺波诺的清理工具 5　想象回家的景象

想象回家的景象

如果人在外地、学校或工作地点产生负面情绪，想象回家的情景就能将其消除。不管身在何处，都可以在心里想象自己回到家中，整个人放松下来的景象。想象玄关绽放的鲜花、停在车库里的汽车、从窗户透出的灯光、一打开大门便扑面而来的味道、宠物在脚边嬉闹的模样等。

当你对对方有所期待，而这份期待破灭让你感到烦躁时，可以想象将形成这烦乱心情的记忆用马桶冲掉。想象用脚踩冲水阀的那种马桶（而不是用手按冲水钮的那种），割舍一切多余的情绪，反复踩踏冲水阀，想象讨厌的记忆被卷入水中，随着水流全部带走的景象。

　　请你养成习惯，每当察觉到自己内在有重播的记忆时，便毫不犹豫地想象自己回家的画面，或是用马桶冲掉负面念头的景象。这样一来，在被记忆牵着鼻子走、心情变得忧郁之前，就能先行清理。

荷欧波诺波诺经验分享 4

"母亲病危、父亲患有精神疾病，双亲背负巨额贷款，
全都运用荷欧波诺波诺解决了"

日野智子（化名）

※ 根据修·蓝博士本人的意思，直接刊登分享者的原文。

2008 年 4 月，我收到母亲病危的消息。

母亲患有结缔组织疾病和风湿，又因为脑出血的后遗症，右脑的前额叶丧失功能。母亲和父亲两个人一同生活，父亲则无法控制自己的情绪。

我在东京工作，虽说平时都会关心住在北海道的父母，但其实已经多年没回过老家，只是每天通过电话了解父母的状况。

虽然母亲后来保住了性命，但持续处于昏迷状态。

这段时间，信用卡公司开始寄高额的卡费账单给父亲与母亲。不久，便有多家公司联系我、姐姐和弟弟，尽管对方愿意由我们替父母代付，账单却与日俱增。

我们姊弟三人隐约感觉到大事不妙。

父亲在母亲病倒后，情况便进一步恶化，再也没办法控制自己的情绪，整个人陷入深深的悲伤与疯狂中。

我深爱父亲，但从 4 月开始的每一天，我和父亲在一起都害怕得寒毛直竖。父亲一直用言语暴力攻击我。我常想，他会不会哪天就动手打我？

我甚至觉得，父亲搞不好还会杀了我，我每天都过得心惊胆战。后来父亲就这样住进了精神病院。

我将寄给父母的账单地址改成我在东京的地址，账单上的金额与日俱增。就在债务达到一千万日元时，弟弟在老家找到一位很好沟通的律师。我们姊弟三人合力说服父母，征得同意后，委托律师替我们进行债务整合。

这个时候，一位我很信任的老师告诉我，修·蓝博士在夏威夷州立医院精神科病房里缔造的奇迹，以及7月要开设课程的事。

我一开始没多想，结果又有别的朋友也推荐荷欧波诺波诺给我，这时我仿佛悟到了什么，便参加了7月的课程。当时父亲在精神病院出现打破玻璃、扰乱医护人员与其他病患、抓狂、呕血、厌食等状况。

到了 8 月，母亲已经住院超过三个月，因此要办理转院。虽然弟弟一家也住在北海道，但距离父母住院的医院很远，弟弟和弟媳的疲劳与压力已经达到最高点。一家人眼看着就要分崩离析。

我能做的就只有清理。每天持续清理。

到了 9 月，委托的律师联系了我。

律师告诉我："已经确认你们超付了原本的贷款金额。如果要提告，会是利多于弊，要提告吗？"

11 月，我请了一周的假，再次前往北海道。这段时间我持续通过弟弟和弟媳的邮件或电话了解父母的状况，但要实际去看还是怕得不得了。

结果，一度病危的母亲，现在已经能够站立、行走，看到我她十分高兴。

我们想让母亲转到医院附近的照护中心。平时申请迁入都需要经过极其严格的审查，但这次面谈却进展得十分顺利，院长说"先住进来再确认状况"，于是就这样办好了转院手续。

接着我去见了律师。

"超付的三百万日元会在 2009 年 3 月前列出证明，到时候令尊和令堂可以拿到退款。"律师向我保证。

之后我也去见了父亲。父亲因为先前被束缚带束缚了很长的时间，已经无法自如行走，生活必须依赖轮椅，但看到一家团聚，他也非常高兴。

我发现父亲不再令我恐惧。

现在父亲已从单人房转到四人房，而且可以自己行走，不用坐轮椅了。

母亲在照护中心展开新生活，不用再住在病

房，现在她正在考虑是否要参加写字班或合唱班。

修·蓝博士常说："只是一直烦恼、抱持悲观的心态，解决不了任何事情。清理才是解决之道。"我对这席话产生了深切的共鸣。

当时听到这番话的我，选择了清理。

感谢朋友这一路上都在支持我，谢谢男友包容我的任性，谢谢老师让我认识荷欧波诺波诺，谢谢平良贝蒂女士持续在日本开设课程，谢谢修·蓝博士持续推广荷欧波诺波诺。真的好感谢你们。

我发自内心觉得对不起，请原谅我，谢谢你——还有，我爱你。

第五章

答案全在你的
心里

自始至终，你都是完美的存在

存在本身就无比美好

想象一下，你总是连接着一股巨大的力量，所以，你是个完美的存在，因为神圣的存在总是不断将无尽的爱传送给你。

觉得活着没有意义的人，其实是上演着"活着没有意义"的记忆；觉得活着很痛苦的人，则上演着"活着很痛苦"的记忆，其中也有一些人上演着"不想活了"的记忆。不过，其实这些人也是与爱合为一体的存在，只是受到记忆干扰，遮蔽了来自神圣的存在照来的光。只要我们活着，无论何时都感受着神圣的存在的爱——绝不能忘记这一点。

得到悲惨结果的人，拥有得到悲惨结果的记忆。如果一个人看不到爱，问题便是出于这个人自己的记忆，因此只要清理就好。

一旦内心被记忆蒙蔽，任何人说的话都听不进去。如果你的家人或朋友当中有这样的人，请理解为"这是受到自己记忆的影响"予以接纳，不必觉得"反正我就是什么都做不到"。最重要的不是陪在对方身边，也不是强迫对方打起精神，而是清理自己的记忆。

只要持续清理，陷入悲伤情绪的家人和朋友，就会逐渐开朗起来。

所有人都与神圣的存在有连接。只要通过清理记忆察觉这一点，内心就会转瞬回归平静，同时体认到自己是完美的。

千万别忘记，你不是一个人活着，打从诞生到
这个世界的那一刻起，你就被看不见的巨大的爱之
力围绕着。请时时刻刻致力于消除使你断言"自己
不是完美的存在"的记忆。

　　如果你能明白自己是完美的，就更能体会活着
的喜悦。

所有的人、事、物，都是反映你内在的表象

开启内心平静的每一天

如果心情能永远像平静的海洋一样，该是多么幸福啊！就算发生悲伤难过的事情，内心也不会动摇，悠然自得，那就太好了。可惜人很脆弱，马上就会被记忆牵着鼻子走，无法保持平常心。

痛苦的时候，就算希望有谁来拯救自己、帮自己消除痛苦，也没有人会来，没有人帮得上忙。因为根本的问题必须由你自己面对并消除，否则解决不了。

同样地，即使你拼命想帮别人解决烦恼、让对方好转起来，自然法则也不会让你如愿。

将本书一路阅读到这里，了解荷欧波诺波诺的智慧后，想必有些人会质疑："要我揽下所有责任，我才不要呢！""为什么我得将别人的不幸，看成自己的内在造成的？"不过，你周遭发生的事情，全都是在你的参与下发生的。出自你的记忆，或是你和某个人的记忆微妙地缠绕在一起，于是发生了各种各样的现象。

　　这世界上发生的一切事情，全都彼此联系在一起。如果你记忆中对某些事物存在负面印象，这份记忆就会化为负面的念想，朝不好的方向发展，导致对他人的言行举止变得具有攻击性。相反地，如果你的内心状态仿佛平静的海洋、澄澈无云的天空，你发出的意念会是正向的，接收到这份意念的人也会跟着转为正向。这份意念在四处穿梭往来后，又会再次回到你身边，于是你和全世界的人都可以找回平静的心。

早上起床时，小鸟飞上院子里树木的枝梢；散步的路上，惹人怜爱的花草宣告季节的到来。除了人类，还有数不清的对象都在传播爱给你。请你对它们说"谢谢你""我爱你"。从那一刻起，你就会开始流向对你而言最正确的方向。

"重播的记忆"和"灵感"——每天推动我们的，只有这两大元素

我们的内心被两种看不见的力量推动

宇宙存在两种能量："记忆"和"灵感"。

你想和哪一种能量共度人生？答案想必是"灵感"。灵感能告诉我们怎么做才能正确生活，帮助我们察觉自己真实的样貌。当你在记忆的影响下，宛如戴着起雾的眼镜，眼前一片灰蒙蒙的，这时灵感仿佛就是神奇的清洁剂。

不过，由于灵感太过捉摸不定，不知道会在何时、何处到来，因此许多人都察觉不到灵感的存在。可是，能否感觉到灵感，取决于你。灵感很公平地

分配给所有人。神圣的存在为我们带来灵感，而我们也是神圣的存在创造的上天之子。

想必你有想实现的梦想，或是殷切盼望摆脱一切苦痛。如果你想让灵感指引你该怎么做，现在就动手准备吧。方法就是清理。

当你想为正在受苦的人做点什么，第一步就应该先清理让你产生这个念头的记忆

不要想改变你以外的人

有位女性的丈夫开设的公司经营不顺利，她长期为此苦恼。

这位女性是家庭主妇，没有参与公司的经营，但因为丈夫心情低落，总是不停叹气，所以她也很难过，不知该如何是好。公司员工流动性非常高，起初她以为是丈夫独断独行的管理方式或是公司福利给得不好的缘故。

当时她相信必须改变丈夫才行，而这件事只有自己办得到。但丈夫并不领情，总是回以不耐烦的

态度，情况越来越糟，有时甚至还引发激烈的争吵。

就在这时她接触了荷欧波诺波诺，便不再想办法去改变丈夫，转而一心一意为自己清理记忆。虽然她起先半信半疑，但当她反复念着"谢谢你""对不起""请原谅我""我爱你"，内心逐渐平静到不可思议的程度，一直以来始终怀着愤怒——"我明明那么设身处地替丈夫出主意"，如今却觉得似乎不该把公司的问题全都怪到丈夫一个人身上。

随着持续清理，她开始相信丈夫的公司会出问题，其实是自己的责任。是不是因为自己担心"丈夫公司的员工会不会又辞职"，以及主观认定"员工一直离职都是因为丈夫的个性太蛮横了"等重播的记忆，事情才会不顺利？自己是不是想着"要是丈夫的公司倒闭，自己也会受到影响"，会不会是因为自己扭曲的记忆，自己才看不到丈夫真实的样貌？当她察觉到这些后，便以归零为目标，不再烦恼与迷惘，开始等待神圣的存在带给她灵感。

之后又发生了各种问题，但她没再给丈夫建议，而是想着："是我的什么记忆出问题了？"即使对丈夫蛮横的态度怒火中烧，她也会对尤尼希皮里说："总之就先放下这个想法吧。我爱你。"并反复清理记忆。过了一年左右，公司开始步上正轨，如今已过了五年。公司的规模已扩大为五年前的数倍。

爱着别人，同时也为自己而活，一点也不矛盾。因为自己的记忆会通过他人反映出来，所以我们要优先考虑自己并进行清理，消除记忆。

不必带着罪恶感，第一步就先从爱自己开始。

你要选择哪个，爱或恨、平静或愤怒、丰饶或贫瘠、家人或孤独？

内心早已期盼进入没有记忆的状态

前面的篇章中已经说明，各种现象的成因全是来自人潜意识中的记忆。

这里再举些实际的例子。从引发全世界经济不景气的金融问题、破坏地球生态环境等重大议题，到职场上的人际关系问题，夫妻间沟通不良、小孩惹是生非或闭门不出、校园霸凌等家庭或教育问题，原因不明的过敏症状、威胁生命的癌症等疾病问题，对性方面抱有罪恶感、迟迟走不出工作上的失败等因过去经历而形成的心理阴影，不知不觉间对别人产生歧视或偏见等先入为主的想法、长久以来女性对男性抱有的愤怒，凶暴的行为、数以万计的犯罪……真要算起来根本数不完。

我们潜意识中的记忆正是如此影响着地球上的每一寸土地。

记忆不只来自个人生命历程中经历过的事情，还包括从最古老的时期代代相传至今的人类共同记忆，因此会在几乎无意识的状态下重播，使我们产生错误的认知。

不过，如果我们每个人都察觉到消除记忆的重要，现实世界势必会开始改变。举个例子，用上一篇举的记忆实例来说，当妻子察觉自己对丈夫有怒气时，如果不将怒气的矛头指向丈夫，而是视为自己的问题，接着进行清理，丈夫的行为便会自动出现变化。

　　光是察觉到记忆的存在，就能带动我们做出清理的行为。再者，我们内心深处也在无意识中盼望能进入没有记忆的归零状态。虽然感觉很辛苦，但持续清理并不是那么难的事情。有时改善现状的征兆出现得快到令人惊讶，这么一来，你势必会将清理视为每天必做的功课。

　　我们每个人都要清理，这就是荷欧波诺波诺。请你通过荷欧波诺波诺察觉真正的自己。

与尤尼希皮里连接，就是与自己连接

如果想要提高察觉灵感的敏锐度

在日复一日的生活中，我们很容易被时间追着跑。有句话叫"忘我"，这正是指灵魂被时间夺走的状态。一旦进入这种状态，内心会疲惫到连重播的记忆也察觉不到，所以意识也无法与神圣的存在连接，于是就察觉不到灵感的存在。

若想消除这份记忆，最重要的就是腾出时间和尤尼希皮里说说话。尤尼希皮里一直等着你用爱来对待它。不过，也许因为你太忙，把它晾在一旁。尤尼希皮里可能会因此感到沮丧，感觉自己是不被爱的，就此消失无踪。

为了再次与尤尼希皮里接触，我们该做的第一件事，就是找时间和尤尼希皮里说说话。接下来，再移步到能让自己放松自在的地方。

请闭上眼睛，大口深呼吸。尤尼希皮里就在你的内在，等着你照顾它。

荷欧波诺波诺经验分享5

"千钧一发的危机，正是清理的大好机会！"

自营业者　安部知子

※ 根据修·蓝博士本人的意思，直接刊登分享者的原文。

感谢有这个机会，让我能和大家分享像奇迹一样发生在我身上的事情。

自从参加基础课程后，我的人生轨迹出现了巨大的变化。现在总是很期待遇到在恰巧时机出现的、如同奇迹般的事情。

我从十二年前开始听各种商业与身心灵方面的讲座，不只限于日本国内，甚至还跨足国外，简直就像一只到处参加讲座的无头苍蝇，苦苦追寻某个方法。总觉得说话方式和行为举止都不再是原来的我。

自从十二年前看了乔·维泰利的书之后，我就决定要用身心灵的方法取得事业的成功。但不知为何就是不顺利，于是我想肯定还有其他更好的方法，所以不断往外寻找。

某天，我的身体突然出现状况，明明前一天还到国外进货，一时之间竟开始头晕目眩，连站都站不稳，根本没办法独自外出，变得和以前完全不一样，担心自己该不会是得了什么重病。每当我想到这里，思考就变得越来越负面。但无论怎么检查，我都被告知身体非常健康。

有一天，我在杂志上的文章中得知荷欧波诺波诺，之后接触到了"夏威夷疗法"，于是我马上报名去听讲座。我当时的身体状况非常差，因此我不假思索、没有怀疑，只是反复念着"我爱你""对不起""请原谅我""谢谢你"。

结果，我到现在还清楚记得，身体突然就恢复了健康，家人都大吃一惊。这时我脑中突然闪过一件事：官网上写着一经报名，个人资料就会寄送到夏威夷，开始清理——这个时间点刚好是讲座开始前一周。

摆脱了长达八个月原因不明的身体不适，光是这样就称得上效果卓越了，但不只如此，我该做的事情还接二连三地来到眼前。

接着我参加了荷欧波诺波诺的商业课程，虽然这时病好了，但之前因为身体出状况，不得不取消工作，资金调度因此出问题。当时经济状况已经捉

131

襟见肘，就在这时灵感突然闪现，"对了，我去向银行贷款好了""节省不必要的开销吧"。

我打算搬到房租较便宜的房子里，便和叔叔商量，请他让我暂时将家当寄放在他家，没想到叔叔说："你就住下来吧。"直接把他当时居住的房子借给我住。

叔叔的房子远比我当时住的还大、还漂亮。叔叔搬到别的地方住，连停车场也一起免费借给我用。一想到当时我已经处于四面楚歌的状态，我就觉得这件事真的像奇迹一般。

想必只要持续清理、顺从神性智慧的指引，一切都会往正确的方向发展。我深深理解，眼前所见都来自自己的记忆。

之后我脑海里浮现出从事时尚顾问的构想，但不知该从何做起。就在这时有个朋友来找我，听我诉说构想后，有条不紊地帮我厘清想法，并做成一本简介。

后来我在荷欧波诺波诺的商业课程上认识一位女士，她从事的工作简直跟我想做的事不谋而合，她还给了我事业上的建议。

正如修·蓝博士说的，撰写创业计划书时不必用头脑苦苦思索，只需清理就能被引导到对的事业方向。

我现在开设兼顾女性内在与外在的时尚顾问及幸福说话术的讲座，这项事业是在上述两周内规划出来的。我对接下来的发展满怀期待。

现在的我，舍去看过、听过的大量书籍与讲座，只要有荷欧波诺波诺便已足够。

能遇见荷欧波诺波诺真是太好了。既简单又能自行实践，不需要仰赖他人，再也没有比它更棒的方法了。

　　在此致上我由衷的感谢。

第六章

来自神圣存在的
指引

只要清理，神圣的存在就会指引我们

只遵循灵感而行，忘却意志

这个世界上存在看不见的巨大力量，那就是向我们灌注爱的神圣的存在。我们在日常生活中不经意感受到的灵感，也是来自神圣存在的指引。

世上有许多人擅自认定"我没有灵感"。也有人认为，与仰赖看不到的东西相比，凭借意志行动才值得称道。正因为灵感是股看不见的力量，所以它经常受到误解。人们往往认为，只有极少数的特殊之人才拥有超能力。

我们每个人都能感觉到灵感。你之所以会看这本书，也是因为灵感。也许你是在书店发现这本书，拿起来阅读的，也可能是朋友推荐给你的。无论如何，你都是遇见了这本书后，受到吸引才拿起来阅读的吧？这个受到吸引的感觉就是灵感。如果你在看了本书后，知道清理记忆的方法，通过实践而摆脱痛苦，是不是就像神圣的存在送给你的盛大礼物？

灵感会化为一股力量，实现你在无意识间的愿望。就算是不相信奇迹的人，奇迹也会出现在他身上。不过，当你迫不及待地期盼奇迹发生时，灵感是不会降临的。一旦有意识地期盼实现愿望，在潜意识中就会产生新的重播的记忆，反而会造成反效果。

这就是灵感降临的运作原理。当某个人对自己内在的记忆说"谢谢你""对不起""请原谅我""我爱你"，进行清理，存在潜意识中的尤尼希皮里就会开始理解自己是被爱的。基本上，尤尼希皮里是让记忆重播的存在，因此你在不停清理记忆的同时，也要记得持续感谢尤尼希皮里，对它说："谢谢你让我察觉到记忆的存在。"

你该做的只有这个。不必思考其他事物，只要持续单纯地清理。请清理"好想变成这样！""好想拥有那个！"等欲望。如果你的内心处于无欲无求、归零的状态，灵感势必会化为礼物，降临在你的身上。

如果能将日复一日的清理加入每天的节奏，你就不会再钻牛角尖或铆起劲来解决问题。置身自然的流动中，明明没做任何努力，却能感受到各种问题平息下来并回归该有的位置，感受到神圣的存在的伟大。虽然我们无法掌控任何事物，却有办法清理潜意识的记忆。

请不要固执地认为灵感根本不存在，直接开始清理吧。你要做的，只是清理而已。

不必想尽办法取得成果，也不必苦苦追求成效。神圣的存在自会替我们消除记忆

清理是一项永无止境的工作吗？

每当我们遇到问题，自然会期盼事情尽快朝好的方向发展。可是，就算平时持续清理，如果太急着追求成果或效果，这份急切的念想也会创造出新的记忆。

那么，到底要持续清理到什么时候呢？我仿佛能听到有人提出这样的疑问。还有些人会觉得"好麻烦"。如果用负面意义来看待清理，那就太可惜了。

一项惊人的数据显示人类的潜意识领域有多么庞大：如果我们用意识思考的单位是一比特，用来

推动我们言行举止的潜意识的记忆就是一千一百万比特。明明我们受到一千一百万比特的记忆操控，却只能察觉其中的一比特。由此可见，人类的生活是如何被自己无法察觉的记忆玩弄于股掌间的。总之，我们的潜意识连接着远早于我们出生前便存在的、从这个世界诞生开始累积的庞大记忆。

既然如此，就需要持续不断地进行清理。重要的不只是清理的结果，在持续清理的过程中，你的心会一点一滴出现变化，这才是最难能可贵的。

有时候需要花点时间才能归零或接收到灵感，但只要进行清理，就能马上改变任凭记忆堆积的生活方式——这本身便有极大的意义。因此，如果把清理看成一件没有成就感、很麻烦的事，可就说不通了。清理本来就和吃饭、走路、睡觉甚至呼吸一样，对你的人生来说不可或缺。

请将一切全交给神圣的存在，养成习惯——用正向的心情进行清理。这么一来，你会确实出现改变，想必会让你的内心每天都平静到令人惊讶的地步。

尤尼希皮里知道，问题出自潜意识里的哪些记忆、应该消除哪些记忆

每个人都有与生俱来的角色

这个世界上没有两个人的人生是相同的。每个人都在各自的人生中，通过经历形形色色的事情扮演着各自的角色。如果把我们生活的这个世界比作神圣的存在所创造的舞台，我们每个人都是演员，扮演着各自的角色，既无法找人代演，也无法抗拒被赋予的角色。

举个例子，假设有一类人的人生以钢琴为主题，其中有些人是成为钢琴家，有些人是成为钢琴老师。伟大的钢琴家未必能成为培育优秀钢琴家的钢

琴老师；反过来说，杰出的钢琴老师也未必能成为
知名的钢琴家，在个人独奏会上享受观众如雷般的
掌声。可是，要是觉得其中一方的地位比较高，那
就不对了。

也许你瞧不起某些人做的工作，认为自己才不
想做那样的工作，和这些人相较之下，觉得自己的
工作还算不错。不过，这样做是管太多了。也许对
当事人来说，这份工作就是无可取代的。再说，其
实只要拼尽全力投入，无论怎样的工作都是神圣
的。是记忆从中作梗，让你没办法这么想而已。

既然如此，为什么每个人对工作的感觉都不相
同呢？这正代表每个人都被赋予各自的角色。因为
人们都演绎着各自的记忆，所以记忆便让人形成了
不同的价值观。

经常有人不断投入无止境的寻找自我的旅程。过度追求和现在的自己不同的、真正的自己，会变得无法感谢眼前的幸福，内心累积越来越多的不满。有的人只关心别人是怎么看自己的，无法对工作本身怀抱热情；有的人只是为了薪水才工作的，感受不到工作的意义。这些人的内心蒙上了虚荣和欲望，阻碍了灵感的降临。之所以无法对上天赋予自己的工作抱着感谢的心情，问题不在工作上，是因为你并不爱这份工作。

这样的人过度追求内在记忆创造的理想工作，察觉不到自己的错误。其实人生之所以不顺利，正是因为强行采取违背自己角色的生活方式，却仍旧不停地追逐现实中不存在的青鸟。

如果你心里有点头绪了，事不宜迟，请马上对现在的工作说："谢谢你，我爱你。"只要持续清理，就会逐渐理解自己被赋予怎样的角色。

请下定决心采取属于自己的生活方式，清理心中的杂念，不去欣羡别人的人生、追求不适合自己的生活，也不与他人比较从而陷入焦虑。

这么一来，你就能看出这份工作究竟是否适合你。如果现在做的工作适合你，灵感就会替你安排下一步发展，迎接新的转机；假如不适合，也会自然走向离职的结果。即使是走到离职一途，只要是依循神圣的存在传递的灵感，你就不会受到伤害，能够神清气爽地迎接新工作。

我们必须说出"请原谅我"。借由获得原谅，才能找回自我

什么都不用多想，只需在心里说"请原谅我"

荷欧波诺波诺带来的奇迹，是让错误的记忆瞬间转化为爱。

只要念着"谢谢你""对不起""请原谅我""我爱你"来清理，就能消除潜意识里的记忆，收到神圣的存在传来的灵感。这一点已经反复强调过了。

不过，为什么要说"请原谅我"？有些人会特别在意四句话中的"请原谅我"，担心是不是自己过去做过什么坏事，所以才要求被原谅。

其实，并非因为你做过什么坏事。但是内在重播的记忆，涵盖我们自宇宙诞生开始无数次生命的过程中烙下的记忆，因此我们并不知道事物无法顺利运作的原因究竟是来自哪个记忆。我不会替来找我咨询或接受疗法的人进行心理咨询，原因就在这里。潜意识的记忆比意识的记忆多数万倍，我不可能明白是其中的哪个记忆使眼前的这个人苦恼。这时若能说出"请原谅我"，也能覆盖掉无意识中在潜意识里重播的"必须乞求对方原谅才行"的记忆。

此外，当你因人际关系而苦恼时，请理解为：在对方身上感受到的讨厌的部分，也存在于自己的内在。这时首先要念"请原谅我"，清理存在于自己内在的讨厌的部分。

这么一来，对方令你讨厌的部分也会跟着消失。

"请原谅我"这句话并非对讨厌的对象说的，而是为了让自己的灵魂成长，对自己内在的尤尼希皮里说出这句话。

我一般会建议人们，在产生嫉妒与占有欲等感觉时，对这份感觉进行清理，但有些人在这种情况下实在说不出"嫉妒啊、占有欲啊，请原谅我，我爱你"。希望这样的人可以想想耶稣说的"爱你们的仇敌"，这里的仇敌就是指记忆。如果这样还是有抗拒感，请你对尤尼希皮里说"我不知道为什么我们会为嫉妒和占有欲所苦，但是让我们一起克服吧"，持续用四句话清理。

总之，当我们获得神圣的存在的原谅，就能迈入不受记忆操控的归零状态，唯有这时才会明白问题的原因在自己的内在，才能找回原本那个单纯的自己。

第七章

关于归零

成为真正的自己的那一刻，你会处于好的意义上的空空如也的状态。当你化为零，才能找回纯粹，回归原本的样貌

爱时时倾注在你身上

荷欧波诺波诺认为，人们的目标是通过清理而摆脱记忆的束缚，成为怀抱爱的存在。为此，神圣的存在时时刻刻对所有人灌注满溢的爱。也许有时候你看到有钱人或成功人士，会觉得上天真不公平，但其实人人都是平等的，有的人没钱却有着富足的心灵，有的人工作上没有辉煌的成绩，却拥有美满的家庭，人生过得充实又丰富。

不过，我们大多数人并未察觉这份神圣的恩赐，不是吗？正因如此，才需要清理。清理能让我们感觉到神圣的存在传递的灵感。而这一刻，我们也将确信自己身上一直被灌注着爱。

内心受到记忆的影响而蒙上阴影的状态，并不是原本的自己。忧心忡忡地想着要是发生这样、那样的事该如何是好，或是没自信、觉得自己根本办不到，抑或自暴自弃地认定反正怎样都不会成功……记忆创造了这些毫无根据的情绪，许多人都被牵着鼻子走，陷入人生的迷宫。但是，"我想这么做""必须这样才行"都是"重播"的记忆。当别人伤害你的时候，你在心中喃喃低语的"一定要还击才行！"的声音，是你的记忆投影出的现象。唯有归零，才能明白你真正需要的是什么。换句话说，当你还抱有"想这样做""想那样做"的欲望时，表示还没进入归零的状态。当你进行清理后，潜意识中重播的记忆以欲望的姿态现身时，请你再接着清理。一是清理，二是清理，三还是清理。

也许有人会以为，进入归零状态将丧失知识与理性，处于空洞茫然的状态，但其实归零时，神圣的存在会给予你需要的一切。如果神圣的存在告诉你"投入这项事业吧"，带你进入这样的流动中，便会一并给你投入这项事业所需的金钱。但话说回来，假如不归零、找回单纯的自己，甚至无法得知真正适合自己的是什么。

如果你还无法感受到由神圣的存在传来的爱，请立刻开始清理。对着妨碍你察觉到爱的记忆，在心里说着："记忆啊，谢谢你，对不起，请原谅我，我爱你。"

每个人都有很难克服的记忆，但最重要的是绝不放弃，持续和记忆对峙。请持续清理潜意识中的记忆。神圣的存在赐予我们的，不是驳倒别人、满足欲望之类渺小的满足感，而是庞大的爱。我们要做的是，替自己人生中的各种问题承担责任，进入归零的状态。

零是不存在时间的世界。因为时间不存在，也就没有区分事物的边界，没有执着、不被束缚，是一个完全自由的世界

爱的力量与世界合为一体

想象一下，内心归零是怎样的状态？零是一个不存在时间的世界。没有划分人生的界限，空间无限宽广，也没有物质与金钱的概念。零的状态就是无我境界，是一个完全自由的世界。

我们何时会对人生感到畏惧？我想应该有许多人会回答年迈衰老、死期将至的时候，或是罹患重病感受到死亡不远之时，总之都是因为感觉自己人生面临终结，自己即将消逝而产生恐惧。这也是记忆的一种。倘若明知如此，却还是惧怕时间的流逝，那便是因为我们的内心深处重播着"死亡好可怕"的记忆。

但是，其实我们不必恐惧死亡。我们都是在神圣的存在所创造的舞台上演出的演员，只是借由死亡结束我们这一幕的戏份而已，戏码还会永远继续下去。死亡只是让我们与今生的肉体告别，而精神将永远存活下去。只要通过清理来清除惧怕死亡的记忆，应该就能明白这一点。我们每个人的体内都有灵魂，每个人看似是孤立的存在，但其实精神都是一体的。我们的肉体死去后，精神会化为光，彼此合为一体，回到神圣的存在那里，回到归零的状态。

着手清理吧。"谢谢你""对不起""请原谅我""我爱你"这四句话对于消除潜意识中的所有记忆，以及打开你的心扉是不可或缺的。通过清理接收到神圣的存在传递的灵感后，也别忘了从你的内在释放爱。带着爱的你，身上围绕着一层美丽的气，这股气会影响周围的人，你的身边将立刻凝聚一股爱心能量，结合成一个意识，这该多么令人安心啊！

没有人是独自活着的，也没有人会因死亡而变成孤身一人。只要通过清理了解这一点，内心就不会再受到流逝的时间的束缚。这么一来，对死亡的恐惧想必也会烟消云散。

通过清理，觉察到专属于自己的香格里拉

内在归零时，乐园就会显现

有人畏惧死亡，有人则觉得活着很痛苦，抱着悲观的心态，认为死了反倒轻松。人生中确实存在创造出各式各样问题的记忆，让你陷入无路可退的境地，想象自己在名为孤独的沙漠中四处徘徊，心情无比绝望，感觉这简直就是人间炼狱。

可是，那些哀叹人生像是人间炼狱的人，没有发现人生不顺利都是自己造成的。"反正我就是无法幸福"的记忆占据了内心，引发现象，导致问题产生；这时又因为"都是那个人的错"的记忆，使你不去反省问题究竟出在哪里。这么一来，灵魂便无法

成长，开始觉得自己到底为什么要诞生在这个世界上，也是再正常不过的结果了。

如果能醒悟，发生在自己身上的事情，百分之百是自己的责任，人生就会顿时好转起来。只要脑海闪过"对了，只要自己改变就好了！"的念头，可以说就已经差不多脱离地狱了。接着再进行清理，便能彻底逃脱地狱，甚至能创造乐园。

乐园是斩断一切烦忧，快乐自在的地方。"乐园"一词也可以替换成"天堂、天国"等词汇。住在乐园里的人们不被记忆牵着鼻子走，光是存在此刻便感到充分满足，能拥抱真切的幸福。

不过，我听说很少有日本人"对现状感到满意"，总是看着更高的地方，想上更好的学校、做更好的工作、赚取更多的收入、过上更奢华的生活。有上进心不是坏事，但这里的关键是，那些无法满足于现状、始终想要追求更多的人们，究竟是否确实观察并充分掌握了自己的心？遗憾的是，这些人在我眼里就像把心抛在某处，急急忙忙跳上特快列车一样，他们甚至不知道要前往何处，只是不停地奔跑，把自己累得半死。其实他们应该换搭每站都停的列车，欣赏沿途景色，更重要的是要先想想怎样的生活方式最适合自己才对。

清理的最大目的是消除潜意识中的记忆，为此就应该特别设一个时间专门用来清理，找回从容不迫的心灵。如果一个人的心灵处于真正富足的状态，不需焦头烂额忙得半死，就能获得良好的人脉与有成就感的工作，与此同时，金钱也会跟着来到身边。

　　因此我建议大家清理。希望各位能明白，只要通过清理消除潜意识中的记忆，就能创造出内心的乐园。但是，请不要抱着拼命努力的感觉来清理。因为"努力是很辛苦的事"的潜意识又会化为新的记忆，这样清理就没有意义了。让清理像呼吸一样自然，将这样的清理变成生活的一部分吧。假如你发现一不清理人就怪怪的，就是很好的迹象，表示你心中的乐园正在逐渐扩展。

疾病是清理的信号

消除生病的记忆

前面的篇章已经说明，我们每个人都像是演员，扮演着各自的角色。换句话说，活着就是在演绎记忆。那么，这句话到底是什么意思呢？

举例来说，假设你生病了，这表示你正在演绎生病的记忆。生病很难受，于是你自然会大失所望地想："为什么要给我一个生病的角色啊？"我能理解这样的心情，但其实生病的你该做的事情是清理。虽然不知道是你内在的什么记忆引发疾病的，但你只需对尤尼希皮里说"谢谢你""对不起""请原谅我""我爱你"，进行清理而消除记忆，就能自动消除生病的角色。

不过，只这样做可能还不够。有时会有为疾病所苦的人来找我，我做的不只是建议对方清理，还会通过清理来消除自己潜意识中"这个人生病了"的记忆。因为即使对方的意识认为是来找我咨询疾病的烦恼，实际上却是知道我的潜意识中存在着使自己生病的记忆，所以特地给我这个机会清理。

不光是我，每个人都会在人生中遇见形形色色的人，任何场合的相遇都是有意义的。更进一步说，每个人和各个相遇的人之间，都处于"必须彼此清理"的关系。就算是在路上被对方踩到脚的关系，也请你理解为，这是潜意识为了让我们双方清理，才让我们在茫茫人海中碰上。

即使是擦肩而过的路人，也是潜意识的记忆使我们相遇，所以像家人、夫妻、朋友、工作伙伴等近在身边的人，彼此的缘分更是深厚，可以说是双方每天都必须清理的关系。

一个人内在的记忆总是与其他存在有所连接。一旦你进行清理，不光是能消除你自身的记忆，发挥出你原有的能力，还能带给其他人正面的影响。荷欧波诺波诺认为只要对着自己清理，周遭的环境也会自动跟着调整到良好的状态，其根据就在这里。

人们会说"与疾病抗争"，也经常使用"战胜病魔"这个用语。但是，疾病并非我们战斗的对象，而是催促我们清理的信号。不要因为疾病而变得神经质，请你理解，疾病会让我们有机会迎接归零的状态，扭转人生，让自己活得充满生气。请你清理形成疾病的记忆，并接着持续清理，前方的道路便会向你展开。

不管发生什么事、处于何种状况，都要持续清理

修·蓝博士邮件的签名档"POI"是什么意思？

我撰写电子邮件时，都会在最后打上"POI"。这是"Peace of I"的缩写，意思是"我的平静"，也就是不受任何事物影响、完全平和的内心状态。在日常生活中随时留心 POI，是非常重要的。

如果没有经常清理，记忆就会乘虚而入，妨碍我们做出正确的判断。

举个例子，当一个人的记忆重播着"没钱会很痛苦"的时候，会对贫穷怀有恐惧。但没钱真的很

167

不幸，有钱就会幸福吗？认为贫穷很可怕的人，会戴着"穷人好惨"的有色眼镜看世界。一样的道理，你看到的一切，也是通过你自身的记忆看到的景象。你的尤尼希皮里让你通过人生的景象，明白你该清理什么。

假如你在通勤的路上遇到色狼、被醉汉纠缠、撞见车祸或火灾，代表被醉汉纠缠、撞见车祸或火灾的记忆正在重播。因此，在前往某个目的地之前，必须先行清理。

当你在工作上不得不与讨厌的客户接洽时，表示对方是特地来让你看到内在的苦恼的。至于那些本身的工作内容就是消除人们苦恼的人，例如客服人员、心理咨询师、医生、护士、推拿师等，也是一样的道理，客户都是特地来让他们看到他们的记忆的。

　　活出真实的自己，便能发挥原本的能力，尽情挥洒人生，而且方法十分简单。就只是对尤尼希皮里说"谢谢你""对不起""请原谅我""我爱你"，消除潜意识中的记忆而已。

　　荷欧波诺波诺是个让任何人随时都能自行解决自身问题的实用方法。半信半疑也好，不相信也无妨，希望你能开始着手清理。

　　我自己也持续对着这本书，以及对阅读本书的各位读者清理。感谢各位通过这本书与我相遇，给我清理的机会。

　　好了，现在轮到各位开始清理了。只要你归零、找回原本的单纯，就会出现奇迹。我由衷祈祷，能有更多人实践"荷欧波诺波诺回归自性法"，踏出迈向美好人生的第一步。

荷欧波诺波诺问与答（Q&A）

Q "谢谢你""对不起""请原谅我""我爱你"这四句清理的话都要说，不然就没有效吗？如果是的话，一定要按照顺序说吗？

A 不需要四句话全说，也不必拘泥于顺序。顺带一提，我觉得"我爱你"这句话本身就包含了"谢谢你""对不起""请原谅我"，所以我都只念"我爱你"。

另外，有的人一开始很紧张，只说得出"对不起"，即使如此依然有效。

Q 说这四句话的时候，是不是发出声音效果更好？

A 并没有这样的规则，请依循自己的灵感来说即可。不过，如果在安静的公共空间念出声音，很可能让周遭的人们感觉不舒服。所以我基本上都建议大家在心里默念。

Q 早上、中午、晚上，哪个时间进行清理比较好？

A 随时都可以，养成习惯才是最重要的。也可以规定自己，每当焦躁不安、因为别人说的话而感到愤怒，或被悲伤笼罩的时候，就固定念这四句话。

一旦养成清理的习惯，只要一有时间就会自然念起清理的语句。

尤尼希皮里总是在看你是否认真清理。如果你持续认真清理，尤尼希皮里自然会记住清理的方法，替我们清理。

Q 念很多次，会加速消除记忆吗？

A 不会。消除记忆的关键不在清理的次数，而在于永远持续下去。记忆总是不停累积，在我们意识到之前就先重播，牵着我们的鼻子走，所以只要活在世上，就不可能有再也无须清理的一天到来。

Q 我需要带着感情去念清理的四句话吗？

A 不用。不只如此，甚至不相信清理会带来奇迹也无妨，只要机械般地用删除电脑资料的感觉来做就好。抱着"试试看，没效果就算了"的心情也没关系，重点是"只管去做！（Just do it！）"。

Q 清理的时候，要在心里想象什么吗？

A 不必想象。有些人有误解，以为想象理想中的自己或想要的东西，比较容易将心意传达给神圣的存在，但其实欲望与期待都源于记忆。如果不放下一切而归零，神圣的存在就不会传递灵感过来。

Q 我清理没有效果，心里非常着急。

A 是记忆造成了着急的情绪。不必着急，请先清理着急的记忆，让内心平静下来，同时也清理你内在期待的记忆。

Q 要怎么确定是否处于归零状态？

A 归零时没有外显的特征，没办法用肉眼看出来，只能感觉到。如果进入归零状态，就能感受到神圣的存在传来的灵感。

Q 有什么特别适合日本人的清理方式？

A 基本上清理方式是全世界共通的，不过当我来到日本时，感觉到银杏叶具有疗愈的灵感。而每当感觉自己变得在一直分析、爱讲道理的时候，我会嚼嚼 GREEN GUM（译注：鲜绿薄荷口香糖，日本的老牌口香糖，添加叶绿素使外观呈绿色）。GREEN GUM 也是日本人协助灵感降临的清理工具。再有就是虾子。日本人经常吃虾，虾子能消除

"遗忘事物"的记忆，也就是阿尔茨海默病的记忆。

　　神圣的存在拥有宽大的包容度，不拘泥于清理工具的种类，因此关于清理工具没有任何生硬的规定。许多人在消除记忆后，在某些事物上（例如香草冰淇淋、蓝莓等）能感觉到灵感，于是拥有专属于自己的独特清理工具。

荷欧波诺波诺
三方对谈

“人类至今背负的所有烦恼，全都有办法解决。”

西川桃子

三十多岁的上班族，大多数困扰来自人际关系的问题，同时也发觉自己过于脆弱，无法从父亲去世的悲伤中走出来，因此想通过荷欧波诺波诺解决心灵上的问题。

三浦奈奈

四十多岁，已婚，自由插画家。深受丈夫的恶言所苦，在寻找解决之策时，接触到修·蓝博士的著作，便持续清理。

179

我能用清理来控制丈夫不妥的行为吗？

西川　修·蓝博士，很荣幸能见到您，直接和您对话！

三浦　真的就像做梦一样！参加讲座的学员都说，一进入会场就能感受到修·蓝博士的气，光是这样就被疗愈了，我现在感觉整个人也变得开朗起来。

修·蓝　自从决定举办这次三方对谈，这段时间我持续清理两位的名字和个人基本信息。不单是

针对两位意识里的记忆进行清理，还追溯到祖先累积的一切记忆。

我们今天会像现在这样面对面，绝非偶然。人们习惯用"有缘"来形容

人与人的相遇，其实这是"清理的缘分"。

三浦　夫妻也是吗？

修·蓝　是的。

三浦　和结婚对象相遇，也是为了获得清理的机会。

西川　咦?! 结婚不是为了得到幸福吗？我一直觉得结婚对象就是让自己幸福的命中注定之人。

修·蓝　这个世界上不存在命运，只存在记忆与灵感。结婚就能幸福的这个想法，也是记忆造成的。如果不处于归零的状态，就无法接收神圣的存在传来的"这个人是否是适合自己的对象"的灵感。

西川　所谓的归零，应该就是放下"丈夫能带给我经济上的稳定""只要有配偶就不会寂寞了"之类的盘算与期待。

只要持续清理，来到身边的都会是适合自己的人。（修·蓝）

修·蓝　所以，每次认识新的男性时，都必须通过清理来消除记忆。我建议单身女性在与他人相遇前，就先清理记忆。只要持续清理，来到身边的都会是适合自己的人。

三浦　已经结婚的话，是不是来不及了？

其实我丈夫一直容易口出恶言，让我很烦恼。我已经受够了动不动被他指责"混账东西""蠢女人"，我做的每件事他都会说"粗鲁死了""没教养"，现在我总是担惊受怕，处处看他脸色。

西川　好过分！这种男人真是不可饶恕。

三浦　说出来很难为情，自从他对我说"你这家伙根本算不上是女的"之后，我就变得很执拗，从此没有性生活。

我们谈恋爱的时候他蛮体贴的，是我哪里有问题，他才变成这样的吗？清理也能让丈夫不再口出恶言吗？

修·蓝　不必责怪自己，也不必找出答案，只要重复说这四句话，进行清理。

请对潜意识说，我爱你。（修·蓝）

西川　我觉得三浦没有错，问题出在她的丈夫身上，就算这样她也必须道歉吗？

修·蓝　这四句话不是对丈夫说的，而是对自己内在的潜意识说："谢谢你，对不起，请原谅我，我爱你。"

三浦的丈夫口出恶言，是三浦潜意识中"丈夫对我口出恶言"的重播记忆所致，潜意识的记忆从宇宙诞生起累积至今，数量庞大，所以我们不可能看出问题是来自哪个记忆。

虽然我们不知道到底是哪个记忆造成这样的现

象，但只要对潜意识说"我爱你"就好。

三浦　只要我单方面清理就好了吗？

修·蓝　当然。丈夫恶言相向来自你内在重播

184

的记忆，将这件事视为自己的责任，清理自己的记忆。

三浦　有为数众多的女性都容易遭受伴侣的指责，她们一直盼望男方改变，但就实际状况来看，应该很难让情况好转吧？

修·蓝　问题在记忆。

丈夫的内在键入了记忆。这份记忆可能是来自过去他对女性的厌恶感，也可能是这辈子形成的对母亲的心理阴影。无论如何，都请由你来清理。

三浦　进行清理，消除"为丈夫恶言相向所苦"这个阻碍神圣的存在传递灵感的记忆，

185

是否就能解决我的烦恼？

修·蓝 假设你现在将这个房间的灯关掉，这样我们就会置身于黑暗当中。

但是，如果你重新把灯打开，我们又能照到光线了。

一样的道理，只要你进行清理，进入归零的状态，就会带给周围巨大的影响。借由你的清理，你的丈夫也会接收神圣的存在照来的光芒，自然而然察觉到，自己必须改善口出恶言的状况。只是你要记得，清理不该抱着任何期待。

现在我很犹豫，是要努力维系婚姻，还是离婚，为工作而活？

三浦　我看了修·蓝博士的书，了解清理记忆的重要性后，便一直提醒自己实践。但每当我因为丈夫出言指责，内心紊乱、情绪化时，总会不小心忘记清理。

内心被情绪占据，忘记重要的事物，这也是记忆造成的吗？

修·蓝　是的。如果你在丈夫口出恶言的当下实在很难保持冷静，可以趁他睡觉时，对着他说："谢谢你出现在我的人生里。我爱你。"

三浦　咦?！丈夫睡觉时，我一直以来心里出现的都是"我绝对饶不了你！"之类的负面念头。

犹豫和烦恼都是没有意义的。如果有这个时间，不如动手清理。（修·蓝）

修·蓝　睡眠时意识会沉睡，这时比较容易接触到潜意识，所以如果你在丈夫睡着时，对他发泄负面情绪，丈夫就会对你的负面情绪产生反应。

三浦　反过来说，如果这时对他说清理的话，就能让他不再口出恶言了吗？

西川　可是，清理不是对你的潜意识做的吗？我又想问一次刚才问过的问题，为什么必须对丈夫的潜意识说"谢谢你"？

修·蓝　耶稣说"爱你们的仇敌"，这句话的意思是"仇敌并非攻击你、惹怒你的人，而是你内在的记忆"。

因此，这个对象并不是丈夫，而是要询问自

己的潜意识："是自己内在的哪个记忆如此怨恨丈夫？"并且反复念着四句话。接下来，你的尤尼希皮里就会替你消除造成眼前问题的记忆，所以你不必自己寻找这个问题的答案。

三浦　总之，我现在很犹豫，不知道是离婚好，还是该想办法改善情况，结果都没办法专心工作。

修·蓝　犹豫和烦恼都是没有意义的。如果有这个时间，不如动手清理。这么一来，自然会形成适合你的流动。

西川　三浦不必费尽千辛万苦，只要进行清理，就能避免走到离婚这一步吗？

修·蓝　也许进行清理、消除记忆后，依循神圣的存在所传递的灵感，会让你判断离婚是比较恰当的选择。

　　即使如此，三浦也不会因为离婚一事蒙受打击，甚至还能松一口气。

　　三浦　其实我也担心离婚后工作是否能顺利，有经济上的顾虑，所以才迟迟无法下定决心离婚。

　　修·蓝　如果形成的流动认为你适合为工作而活，为此所需的人脉与工作就会千里迢迢地来到你

身边。

重要的是清理"想要变成有钱人""想要取得事业成功"等欲望，进入归零的状态。无论如何，现在的你可以做的是清理。

要怎么走出父亲去世的阴霾？

西川 每次我身上发生难过的事情时，例如和母亲吵架、工作上出状况等，总是神经质地想着"要是父亲还活着就好了"，始终无法从父亲离世一事中振作起来。因为以前每当我有什么事，父亲都会站在我这边。

父亲是罹患癌症去世的，当时我忙于工作，赶到医院后为时已晚，没能见到父亲最后一面，这件事也让我很懊悔。

191

三浦　令尊是什么时候过世的？

西川　五年前。

修·蓝　你要清理潜意识中"父亲去世我好难过"的记忆，以及"父亲咽气时我没有待在他身边，真的很不应该"等过去的记忆。

举个例子，有名参加过讲座的女性，儿子突然因为蛛网膜下腔出血去世。她送了儿子最后一程，并没有陷入被害妄想中，去想："明明我一直都在清理，为什么还会遭遇这样的悲剧？"不只如此，她还说得出"谢谢你"。

这是因为她个人理解到，今生会和儿子相遇，是因为之前未能确实"道别"，所以她有办法向神圣的存在表达感谢。

西川　我始终要依赖父亲，是因为我的内心太软弱了吗？

　　修·蓝　不用去分析为什么，或是用道埋来说服自己，只要清理就好。可以念四句话，也可以喝蓝色太阳水，或使用其他的清理工具。总之，记忆会在我们察觉到"得清理才行"之前，就向我们搭话，所以我们必须随时进行清理。

　　三浦　我可以在走路和乘车时清理，但是要随时保持清理的状态，你们都是怎么做的？

　　修·蓝　只要告诉自己的潜意识清理的方法就好了。这样一来，甚至连我们睡觉的时候，它也会自动替我们清理。

清理可以治好抑郁症吗？

　　西川　我的想法总是很悲观。我是做商品开发的，每当我设计的产品销量不好，就会非常沮丧，感觉别人会给我贴上没用的标签，一想到要去上班就有一万个不愿意。

我看了一段时间精神科，虽然觉得是抑郁症，但很抗拒用药，还是想自己克服。清理可以治好抑郁症吗？

修·蓝 你要清理"认定这是抑郁症"的记忆。

西川 我也感觉自己在职场上的人际关系很不好，毕竟同事都是竞争对手，没办法和他们诉说工作

上的烦恼；再加上我的主
管好像讨厌我，工作能力
明显不如我的人反而受到
赏识，让我气不打一处来。

　　我 总 是 在 苦 思 许 久
后，自暴自弃地觉得"算
了，不重要"。

　　修·蓝　这不是你的错，也不是同事的错，一
切问题的原因都是记忆。记忆位于你的潜意识中。

　　莎士比亚曾说："你要选择自由，还是选择困
苦？"这也是我想问你的话。如果你不想选择困
苦，现在就要马上开始清理。

就算念的时候不带感情也无妨，只要机械般地在心里念"我爱你"就好。（修·蓝）

西川　不知道是不是我对道理太较真儿，我有个疑问，只是对自己内在的潜意识说"谢谢你""对不起""请原谅我""我爱你"，真的就能解决问题吗？

三浦　一开始我也觉得这个方法太简单了，真的能消除记忆吗？但是持续一段时间后，发现做起来还真不容易。

修·蓝　不分析其中的道理，就无法清理吗？

就算念的时候不带感情也无妨，只要机械般地在心里念"我爱你"就好。如果实在做不到，那真的太可惜了。与其满脑子充斥着被害妄想，让自己闷闷不乐，不如进行清理来解决问题，而这做起来要快得多了。我总是强调"去做就对了""只管去做！（Just do it！）"。

产品销量不好也是记忆造成的吗？

西川　我开发的产品销量不好，也可以理解为记忆造成的吗？

修·蓝　以前有位担任电台 DJ 的女性问我："要怎样才能让我的节目大受欢迎？"当时我也是回答：清理。

"在你每次做 DJ 说话之前，先在心里对节目的听众说：'谢谢大家来听我的节目。多

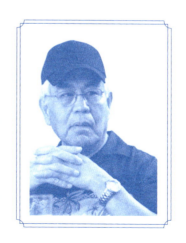

亏大家，我才能拥有这份工作，能够做我喜欢的工作，让我每天都过得很充实。我爱你们。'像是麦克风、所有必备的机器、参与这份工作的每个人（赞助商与工作人员）、录音室与椅子等一切事物都具有意识，当然也具有记忆，所以要运用四句话清理各项事物。"

这样一来，听众就会受到启发。接着，DJ 自己也会在灵感的帮助下，工作表现出色，于是她所需的事物便会千里迢迢来到她身边。

西川 事先对购买产品的人说"谢谢你"，表达感谢的心情，是很重要的。

三浦 这也能帮助清理"产品也许会卖不好"的记忆，对吧？

修·蓝 当你进行清理后，产品就会想着"我

198

好想去那个人的身边！"，自动降落到顾客的手上。

西川 和修·蓝博士说话，让我感觉有了勇气。

我会把修·蓝博士说的"只管去做！（Just do it！）"铭记在心，马上就着手清理。

三浦 我也会继续每天清理记忆，离婚的事就抱着"尽人事，听天命"的态度，交给神圣的存在传递的灵感来判断。

修·蓝 重要的是每分每秒持续清理，将周遭发生的事百分之百视为自己的责任，一心一意地清理。

这么一来，灵感便会降临，自己真正需要的事物就会在完美的时机造访。

Please forgive me.

银杏叶

对肝脏问题的记忆发挥清理作用

I'm sorry

酒瓶椰子

清理经济与金钱问题的记忆

粉红百合

清理对死亡怀有恐惧的记忆

I thank you.

枫叶

改善心脏与呼吸系统

I love you.